Deep GPT Prompts Engineering

Tutoriales Cómo ganar dinero en Internet, Volume 1

Robert S. McGraw

Published by KDP Editorial Design, 2024.

DEEP GPT PROMPTS ENGINERING

Introducción

DEEP GPT Prompts Engineering

Contiene más de 1000 Prompts

Al embarcarte en el fascinante viaje de aprender a utilizar la Inteligencia Artificial ChatGPT para generar ingresos en Internet, quiero expresarte mis más sinceros deseos de éxito. Este libro no solo representa una oportunidad de adquirir conocimientos valiosos, sino también la apertura de puertas a un mundo de posibilidades tecnológicas con las distintas versiones del ChatBot ChatGPT y como va a influir en tu rendimiento, experiencia, ingresos y avances.

En la era digital en la que vivimos, la Inteligencia Artificial ChatGPT se ha convertido en un elemento clave en la transformación de la forma en que interactuamos con la tecnología y, por ende, en cómo generamos ingresos. Esta obra de artificial general intelligence stocks no solo te proporcionará las habilidades necesarias para comprender los principios fundamentales de la IA, sino que también te capacitará para aplicar estos conocimientos de manera práctica en el vasto y dinámico mundo de la economía digital usando las variables y formas de ingresar información en forma de PROMPTS cuya ingeniería te la presentamos aquí de forma infalible, antifallos y te convertirá en un aventajado creador digital.

Aprender a utilizar la Inteligencia Artificial ChatGPT para ganar dinero en Internet no solo es una inversión en conocimientos técnicos, sino también en tu propia capacidad para adaptarte y evolucionar en un entorno en constante cambio. Este viaje te desafiará, te inspirará y, sin duda, te llevará a explorar nuevas formas de abordar problemas y oportunidades que quizás nunca antes habías considerado, por lo que se convierte desde ya en tu consulta obligada a la hora de aspirar dominar no sólo a Google AI sino a ChatGPT para vencer las limitaciones y al tiempo, así que vamos de inmediato a crear con orientaciones certeras y Prompts de ingeniería probada para tu éxito.

Tabla de contenidos:

Prompts profesionales de ChatGPT para creadores digitales

Sin lugar a dudas que la tecnología cada día avanza a pasos agigantados y desde el advenimiento de ChatGPT se ha facilitado la eficiencia y el rendimiento para los creadores digitales"!

Estos prompts ofrecen una combinación de capacidades de ChatGPT versión 3.5 y 4, brindándote herramientas para potenciar tus emprendimientos comerciales con inteligencia artificial.

Algunos de estos prompts necesitan que uses ChatGPT-4 o cualquier otro chatbot con acceso a internet.

Si no tienes acceso a ChatGPT-4, existen dos alternativas GRATUITAS: You.com y Ask.AI.[1]

¡Vamos alla!

1. https://www.perplexity.ai/

MARKETING DIGITAL, INTERNET & REDES SOCIALES

"Investiga y detalla las tres principales fuentes de ingresos para los creadores digitales en el presente año o trimestre. Considera la diversidad de oportunidades que pueden incluir la monetización de contenido, la venta de productos digitales, la suscripción a plataformas de membresía, entre otras posibilidades emergentes en el panorama digital actual."

"Realiza un análisis exhaustivo de las estrategias de marketing más eficaces dirigidas a creadores digitales, centrándote en la distinción entre ingresos pasivos y activos. Examina cómo estas estrategias pueden adaptarse a diferentes modelos de negocio y nichos de mercado, identificando las tendencias más relevantes y las mejores prácticas para optimizar el rendimiento económico de los creadores en el entorno digital actual."

"Elabora una lista detallada de cinco productos digitales que han demostrado ser especialmente lucrativos para los creadores en un nicho específico durante un periodo reciente. Considera la variedad de opciones disponibles, desde ebooks y cursos en línea hasta herramientas de software y aplicaciones móviles, y destaca los casos de éxito más relevantes que puedan servir de inspiración y guía para otros creadores en busca de oportunidades de ingresos digitales."

"Explora en profundidad el papel desempeñado por una plataforma de redes sociales específica en el apoyo a los creadores digitales para maximizar sus ganancias. Examina cómo esta plataforma facilita la visibilidad, el compromiso y las oportunidades de monetización para los creadores, destacando casos de éxito y estrategias efectivas que puedan inspirar a otros a aprovechar al máximo su presencia en esta red social."

"Analiza de manera exhaustiva el impacto del marketing por correo electrónico en los ingresos de un creador digital dentro de una industria específica. Examina cómo las campañas de correo electrónico pueden ser utilizadas de manera efectiva para promover productos, servicios o contenido digital, y cómo la construcción de una lista de suscriptores comprometidos puede convertirse en un activo invaluable para la generación de ingresos a largo plazo en el entorno digital actual."

"Realiza una evaluación detallada de los aspectos positivos y negativos de los modelos de suscripción y las plataformas de membresía para los creadores digitales. Considera cómo estos modelos pueden proporcionar una fuente de ingresos recurrente y predecible, así como los desafíos asociados con la retención de miembros y la gestión de expectativas en un mercado altamente competitivo."

"Lleva a cabo una comparación exhaustiva del potencial de ingresos entre el marketing de afiliación, el contenido patrocinado y las ventas de productos para los creadores digitales. Examina cómo cada una de estas estrategias puede ser implementada de manera efectiva para maximizar los ingresos de los creadores, teniendo en cuenta factores como la audiencia objetivo, la relevancia del contenido y las oportunidades de colaboración con marcas y empresas."

"Destaca la importancia crítica del branding para los creadores digitales que buscan aumentar sus ingresos en un nicho específico. Explora cómo una marca sólida puede diferenciar a un creador en un mercado saturado, aumentar la confianza y lealtad de la audiencia, y abrir nuevas oportunidades de monetización a través de asociaciones, patrocinios y ventas de productos y servicios propios."

"Describe detalladamente los pasos necesarios para desarrollar un producto digital escalable dirigido a generar ingresos a largo plazo para los creadores en una industria específica. Desde la conceptualización y creación del producto hasta la implementación de estrategias de marketing y la gestión de la distribución y soporte, explora cómo los creadores pueden crear y comercializar productos digitales exitosos que generen ingresos consistentes y sostenibles en el tiempo."

"Analiza detalladamente los beneficios y desventajas que implica para un creador digital unirse a [mercados/plataformas de creadores específicos], destacando cómo esta diversificación de fuentes de ingresos puede afectar su alcance, visibilidad y rentabilidad. Considera aspectos como la competencia en el mercado, las comisiones asociadas, el acceso a una audiencia más amplia y las posibilidades de colaboración y crecimiento profesional dentro de la plataforma."

"Profundiza en el análisis de las estrategias de fijación de precios más efectivas para creadores digitales que operan en [una industria específica]. Examina cómo factores como la demanda del mercado, la percepción del valor del contenido, la competencia y las tendencias del consumidor pueden influir en la determinación de precios óptimos. Además, considera la flexibilidad de los modelos de precios, como la suscripción, la venta individual de productos y los paquetes de servicios, y cómo estas estrategias pueden adaptarse para maximizar los ingresos y la retención de clientes."

"Realiza un análisis exhaustivo sobre cómo la adopción y el aprovechamiento de [una herramienta/plataforma específica] puede moldear el panorama financiero de un creador digital. Examina en detalle cómo esta herramienta o plataforma puede optimizar procesos de producción, aumentar la visibilidad del contenido, ampliar el alcance de la audiencia y facilitar la monetización a través de funciones como la publicidad, el patrocinio o la venta directa. Considera también posibles desafíos o limitaciones que puedan surgir al integrar esta herramienta en la estrategia global de generación de ingresos del creador."

"Profundiza en la importancia crítica que tienen las estrategias de SEO (Optimización de Motores de Búsqueda) y marketing de contenido en la monetización de la creación digital. Explora cómo una sólida estrategia de SEO puede mejorar la visibilidad y accesibilidad del contenido en línea, atrayendo tráfico orgánico y aumentando las oportunidades de monetización a través de publicidad, patrocinios y ventas directas. Analiza también cómo el marketing de contenido bien diseñado puede fortalecer la conexión con la audiencia, aumentar la lealtad y facilitar la conversión de seguidores en clientes."

"Identifica y examina detalladamente los tres principales desafíos que enfrentan los creadores digitales en [una industria específica] al intentar generar ingresos de manera sostenible. Considera factores como la competencia en el mercado, la saturación de contenido, los cambios en los algoritmos de las plataformas, la protección de la propiedad intelectual, la gestión del tiempo y recursos, entre otros. Proporciona ejemplos concretos y soluciones potenciales para cada uno de estos desafíos, destacando las estrategias efectivas para superarlos y lograr el éxito financiero en la industria digital."

"Explora en profundidad cómo las colaboraciones y asociaciones estratégicas pueden ser un motor clave para aumentar los ingresos de los creadores digitales. Analiza diferentes formas de colaboración, como la asociación con otras marcas o creadores, la participación en programas de afiliados, la co-creación de contenido y la organización de eventos conjuntos. Examina cómo estas colaboraciones pueden aprovechar audiencias complementarias, ampliar el alcance y la visibilidad del contenido, así como generar nuevas oportunidades de monetización a través de acuerdos de reparto de ingresos, patrocinios cruzados y promociones conjuntas."

"Elabora una lista detallada de cinco métricas fundamentales que los creadores digitales deben monitorear de cerca para optimizar sus ingresos. Explora métricas como el tráfico del sitio web, la tasa de conversión, el valor promedio del pedido, el costo de adquisición de clientes y la retención de clientes. Examina cómo estas métricas pueden proporcionar información crucial sobre la efectividad de las estrategias de marketing, la satisfacción del cliente y la rentabilidad general del negocio digital."

"Realiza un análisis exhaustivo sobre cómo las tendencias económicas actuales y futuras pueden impactar directamente en las ganancias de los creadores digitales dentro de [una industria específica]. Examina cómo factores macroeconómicos como el crecimiento del PIB, las tasas de desempleo, los cambios en el comportamiento del consumidor y las fluctuaciones en los mercados financieros pueden influir en la demanda de contenido digital, las oportunidades de monetización y la estabilidad financiera de los creadores. Proporciona ejemplos concretos y recomendaciones para adaptarse a estos cambios económicos."

"Explora en profundidad los beneficios estratégicos y financieros de diversificar las fuentes de ingresos para los creadores digitales. Examina cómo la diversificación puede reducir la dependencia de una sola fuente de ingresos y mitigar el riesgo asociado a los cambios en el mercado o en las plataformas digitales. Analiza diferentes estrategias de diversificación, como la venta de productos digitales, la creación de membresías o suscripciones, la participación en programas de afiliados y la colaboración con marcas. Destaca cómo la diversificación puede aumentar la estabilidad financiera y crear nuevas oportunidades de crecimiento."

"Aborda las complejas consideraciones éticas que enfrentan los creadores digitales que buscan monetizar [un tipo específico de contenido]. Examina cómo la ética profesional, la responsabilidad social y el respeto por la audiencia pueden influir en las decisiones de monetización de los creadores digitales, especialmente cuando se trata de contenido sensible o controvertido. Discute temas como la transparencia en la publicidad, el respeto a la privacidad del usuario y la promoción de valores éticos a través del contenido digital. Proporciona ejemplos concretos y recomendaciones para mantener una práctica ética en la monetización del contenido digital."

"Identifica de manera detallada las características clave que debe tener una página de ventas de alto rendimiento para productos digitales. Examina elementos como el diseño visual atractivo, la claridad en la presentación del producto, la inclusión de testimonios y reseñas de clientes, la garantía de seguridad en la transacción, y la optimización para dispositivos móviles. Analiza cómo cada uno de estos elementos puede influir en la tasa de conversión y en la efectividad general de la página de ventas. Proporciona ejemplos prácticos y mejores prácticas para crear una página de ventas altamente efectiva."

"Realiza un análisis exhaustivo sobre el papel fundamental que desempeñan los [webinars/podcasts] en la generación de ingresos para los creadores digitales. Explora cómo estas formas de contenido interactivo pueden ser utilizadas para cultivar relaciones más profundas con la audiencia, establecer autoridad en el campo y promover productos o servicios de manera sutil pero efectiva. Examina las diferentes estrategias para monetizar webinars o podcasts, como la venta de acceso premium, la incorporación de anuncios patrocinados o la promoción de productos afiliados. Además, considera cómo la interacción en vivo y la participación activa pueden aumentar la lealtad del público y, en última instancia, impulsar los ingresos."

"Detalla una lista exhaustiva de las mejores plataformas disponibles para la venta de productos digitales dentro de [una industria específica]. Evalúa cada plataforma en función de su facilidad de uso, alcance de la audiencia, herramientas de marketing integradas, políticas de pago y comisiones, y características de personalización. Proporciona ejemplos concretos y recomendaciones sobre cuáles plataformas pueden ser más adecuadas para diferentes tipos de productos digitales y objetivos comerciales, destacando sus ventajas y posibles limitaciones."

"Realiza una comparación detallada entre los beneficios de los modelos de pago único y los modelos de pago recurrente para los creadores digitales. Examina cómo cada modelo puede influir en la estabilidad financiera, la previsibilidad de los ingresos y la lealtad del cliente. Analiza también cómo estos modelos pueden adaptarse a diferentes tipos de contenido digital, audiencias y objetivos comerciales. Proporciona ejemplos prácticos y estudios de caso que ilustren las ventajas y desventajas de cada enfoque, así como recomendaciones para elegir el modelo más adecuado en función del contexto específico."

"Explora estrategias efectivas para la venta adicional y la venta cruzada en el contexto de la creación digital. Examina cómo estas técnicas de ventas pueden ayudar a aumentar el valor de la transacción y maximizar los ingresos al ofrecer productos complementarios o relacionados durante el proceso de compra. Analiza tácticas como la recomendación personalizada, los paquetes de productos, las ofertas especiales y los descuentos por volumen. Proporciona ejemplos concretos y consejos prácticos sobre cómo implementar estas estrategias de manera efectiva, manteniendo siempre el enfoque en la satisfacción del cliente y la maximización del valor percibido."

"Realiza una evaluación exhaustiva del potencial de ingresos pasivos a través de [regalías/licencias] para los creadores digitales. Explora cómo la creación y comercialización de contenido digital puede generar ingresos continuos a lo largo del tiempo a través de acuerdos de regalías o licencias. Examina diferentes modelos de negocios, como la venta de derechos de autor, la concesión de licencias de uso, o la distribución de contenido a través de plataformas de suscripción. Analiza también los factores que pueden influir en la rentabilidad y la sostenibilidad de los ingresos pasivos, como la demanda del mercado, la protección de la propiedad intelectual y las tendencias de consumo. Proporciona ejemplos concretos y recomendaciones sobre cómo aprovechar al máximo este modelo de generación de ingresos."

"Detalla de manera exhaustiva cómo aprovechar las herramientas de análisis de forma efectiva para incrementar los ingresos de los creadores digitales. Explora cómo estas herramientas pueden proporcionar información valiosa sobre el comportamiento del usuario, las tendencias del mercado y el rendimiento del contenido. Examina cómo utilizar datos como el tráfico del sitio web, las tasas de conversión, el engagement en redes sociales y las métricas de SEO para identificar oportunidades de mejora y tomar decisiones estratégicas que impulsen la monetización del contenido digital. Proporciona ejemplos concretos y recomendaciones sobre cómo interpretar y utilizar los resultados de análisis para optimizar la estrategia de ingresos."

"Identifica y analiza en detalle los programas de afiliados más rentables disponibles para los creadores digitales dentro de [una industria específica]. Examina diferentes aspectos de los programas de afiliados, como las comisiones ofrecidas, la relevancia del producto o servicio para la audiencia del creador, las herramientas de seguimiento y análisis proporcionadas, y las políticas de pago. Proporciona ejemplos concretos y casos de éxito de programas de afiliados que han demostrado ser lucrativos para otros creadores digitales en la misma industria, y ofrece recomendaciones sobre cómo seleccionar los programas más adecuados para maximizar los ingresos."

"Realiza un análisis detallado del retorno de la inversión (ROI) de dedicar recursos a la promoción a través de [canales de marketing específicos] para los creadores digitales. Examina cómo el rendimiento de los diferentes canales de marketing, como las redes sociales, el marketing de contenidos, la publicidad pagada y el email marketing, puede variar en función de la industria, el tipo de contenido y la audiencia objetivo. Analiza cómo calcular el ROI de cada canal, teniendo en cuenta tanto los costos de inversión como los ingresos generados. Proporciona ejemplos concretos y recomendaciones sobre cómo optimizar la asignación de recursos de marketing para maximizar el retorno financiero."

"Discute a fondo la importancia estratégica de la retención de clientes para el crecimiento de ingresos a largo plazo de los creadores digitales. Explora cómo la retención de clientes puede contribuir a la estabilidad financiera y al aumento del valor de vida del cliente, reduciendo los costos de adquisición y fomentando ingresos recurrentes. Examina diferentes estrategias y tácticas para mejorar la retención de clientes, como el ofrecimiento de contenido exclusivo, programas de fidelización, atención al cliente personalizada y la creación de una comunidad comprometida. Proporciona ejemplos prácticos y recomendaciones sobre cómo implementar efectivamente estas estrategias para aumentar la retención de clientes y los ingresos a largo plazo."

"Explica de manera detallada el proceso de transformar un producto digital en un [curso/membresía] con el fin de generar ingresos adicionales para los creadores digitales. Examina cómo identificar oportunidades para la creación de cursos o membresías basadas en la demanda del mercado, la experiencia del creador y las necesidades de la audiencia. Explora las etapas clave del proceso, como el diseño del contenido, la plataforma de entrega, la fijación de precios, la comercialización y la gestión de la comunidad. Proporciona ejemplos concretos y mejores prácticas para cada fase del proceso, así como recomendaciones sobre cómo maximizar la rentabilidad y el impacto del producto digital convertido."

"Detalla los pasos necesarios para validar de manera efectiva una nueva idea de producto digital antes de su lanzamiento al mercado. Explora estrategias como la investigación de mercado, la creación de prototipos, el análisis de la competencia y la recopilación de retroalimentación de la audiencia objetivo. Examina cómo llevar a cabo pruebas piloto, encuestas de mercado y análisis de datos para evaluar el interés y la viabilidad de la idea. Proporciona ejemplos concretos y recomendaciones sobre cómo utilizar estos métodos de validación para tomar decisiones informadas y minimizar el riesgo asociado con el lanzamiento de un nuevo producto digital."

"Enumera de manera exhaustiva los elementos esenciales que componen una exitosa campaña de marketing [por correo electrónico/en redes sociales] diseñada específicamente para creadores digitales. Analiza elementos como la segmentación de la audiencia, la creación de contenido atractivo y relevante, el diseño visual atractivo, la personalización del mensaje, la optimización para dispositivos móviles y la llamada a la acción clara y persuasiva. Proporciona ejemplos prácticos y mejores prácticas sobre cómo planificar, ejecutar y medir el éxito de una campaña de marketing digital, ya sea a través del correo electrónico o las redes sociales."

"Realiza un análisis exhaustivo de los beneficios y desventajas de ofrecer contenido gratuito como parte de la estrategia de monetización de un creador digital. Examina cómo el contenido gratuito puede ser utilizado para atraer y comprometer a la audiencia, establecer autoridad en el campo y generar confianza con los seguidores. Sin embargo, también explora los posibles inconvenientes, como la dilución del valor percibido del contenido, la dificultad para convertir seguidores en clientes pagadores y el costo de producción y distribución del contenido gratuito. Proporciona ejemplos concretos y recomendaciones sobre cómo equilibrar la oferta de contenido gratuito con la generación de ingresos."

"Evalúa de manera crítica la efectividad de los testimonios de clientes u opiniones en el aumento de ventas para los creadores digitales. Analiza cómo los testimonios auténticos y las opiniones positivas pueden influir en la percepción del valor del contenido, aumentar la confianza del cliente y fomentar la conversión. Sin embargo, también examina los posibles desafíos, como la autenticidad de los testimonios, la gestión de críticas negativas y la relevancia del testimonio para la audiencia objetivo. Proporciona ejemplos concretos y recomendaciones sobre cómo recopilar, presentar y aprovechar los testimonios de clientes de manera efectiva para impulsar las ventas."

"Discute en profundidad el impacto de las tendencias estacionales en los ingresos de los creadores digitales dentro de [una industria específica]. Explora cómo factores como las vacaciones, eventos culturales y cambios climáticos pueden influir en la demanda de contenido digital y las oportunidades de monetización. Analiza estrategias para capitalizar las tendencias estacionales, como la creación de contenido temático, promociones especiales y campañas de marketing enfocadas en eventos específicos. Proporciona ejemplos concretos y recomendaciones sobre cómo adaptar la estrategia de ingresos para aprovechar al máximo las tendencias estacionales y maximizar los ingresos a lo largo del año."

"Identifica de manera detallada los factores críticos de éxito para una campaña de financiamiento colectivo exitosa o una página de Patreon rentable para los creadores digitales. Explora elementos como la claridad en la propuesta de valor, la conexión emocional con la audiencia, la transparencia en los objetivos y el compromiso continuo con los seguidores. Analiza cómo establecer metas realistas, ofrecer recompensas atractivas, mantener una comunicación efectiva y construir una comunidad comprometida pueden influir en el éxito de la campaña o la página de Patreon. Proporciona ejemplos concretos y recomendaciones prácticas basadas en casos de estudio exitosos."

"Examina a fondo las implicaciones fiscales que conllevan diferentes fuentes de ingresos para los creadores digitales. Analiza cómo la monetización a través de la venta de productos digitales, la publicidad, los programas de afiliados, las donaciones, entre otras, puede afectar la carga fiscal y los requisitos de presentación de impuestos. Explora también estrategias para optimizar la situación fiscal, como la deducción de gastos relacionados con la creación de contenido, la planificación tributaria y el cumplimiento de las normativas fiscales locales e internacionales. Proporciona ejemplos específicos y recomendaciones sobre cómo gestionar eficazmente las implicaciones fiscales como creador digital."

"Esboza estrategias efectivas para convertir seguidores o suscriptores en clientes de pago para los creadores digitales. Examina cómo nutrir relaciones sólidas con la audiencia, ofrecer contenido de valor, crear una experiencia personalizada y demostrar el beneficio de los productos o servicios pueden facilitar la conversión de seguidores en clientes pagadores. Explora tácticas como la segmentación de la audiencia, el lanzamiento de ofertas exclusivas para suscriptores, la demostración de social proof y el establecimiento de llamadas a la acción claras y convincentes. Proporciona ejemplos prácticos y recomendaciones sobre cómo implementar estas estrategias de conversión de manera efectiva."

"Discute en detalle cómo los creadores digitales pueden beneficiarse de la participación en eventos o conferencias dentro de [una industria específica]. Explora cómo estos eventos pueden proporcionar oportunidades para establecer conexiones profesionales, aumentar la visibilidad de la marca, generar ingresos adicionales a través de la venta de entradas o mercancía, y mejorar la credibilidad y autoridad en el campo. Analiza también estrategias para maximizar el impacto de la participación en eventos, como la promoción anticipada, la participación en paneles o charlas, la interacción con la audiencia y el seguimiento posterior al evento. Proporciona ejemplos concretos y recomendaciones prácticas basadas en experiencias exitosas."

"Realiza una comparación detallada de los costos y beneficios asociados con el autohospedaje versus el uso de una plataforma para vender productos digitales. Examina los costos iniciales y recurrentes, la facilidad de uso, la personalización, el alcance de la audiencia, las herramientas de marketing integradas y el soporte técnico ofrecido por cada opción. Analiza cómo cada enfoque puede afectar la rentabilidad, la escalabilidad y la experiencia del usuario. Proporciona ejemplos concretos y recomendaciones sobre cuál opción puede ser más adecuada en función de las necesidades y objetivos específicos del creador digital."

"Explora en detalle el papel fundamental de las pruebas sociales y las recomendaciones de expertos en el aumento de ventas para los creadores digitales. Analiza cómo las opiniones positivas de clientes previos, testimonios de personas influyentes o expertos en el campo, y las reseñas favorables pueden influir en la percepción del valor del contenido digital y en la toma de decisiones de compra de los consumidores. Examina estrategias para obtener y destacar estas pruebas sociales, como la inclusión de testimonios en la página de ventas, la colaboración con influencers relevantes y la participación en programas de recomendación. Proporciona ejemplos concretos y recomendaciones sobre cómo aprovechar estas estrategias para aumentar las ventas."

"Identifica de manera exhaustiva los elementos clave que deben incluirse en un plan de negocios o estrategia de monetización para creadores digitales. Explora aspectos como la definición clara de la propuesta de valor, la identificación del mercado objetivo, el análisis de la competencia, la estrategia de marketing y promoción, los modelos de monetización, el presupuesto y proyecciones financieras, y los planes de crecimiento a largo plazo. Proporciona ejemplos prácticos y plantillas útiles para ayudar a los creadores digitales a desarrollar un plan de negocios sólido y efectivo."

"Discute en profundidad cómo establecer objetivos de ingresos alcanzables para diferentes etapas de tu carrera de creación digital o negocio. Explora estrategias para establecer objetivos realistas y medibles, teniendo en cuenta factores como la experiencia previa, el crecimiento del mercado, la capacidad de producción y distribución, y las tendencias de la industria. Analiza también cómo ajustar los objetivos a corto, mediano y largo plazo para adaptarse a diferentes etapas de crecimiento y desarrollo del negocio. Proporciona ejemplos concretos y recomendaciones sobre cómo establecer y alcanzar metas financieras significativas en la carrera de un creador digital."

"Analiza de manera crítica los pros y los contras de usar herramientas específicas de la plataforma para obtener mejores ingresos como creador digital. Explora cómo estas herramientas pueden facilitar la producción, promoción, distribución y monetización del contenido digital, pero también examina posibles limitaciones como restricciones de diseño, tarifas de transacción, competencia en el mercado y cambios en las políticas de la plataforma. Proporciona ejemplos concretos y recomendaciones sobre cómo evaluar cuidadosamente estas herramientas en función de las necesidades y objetivos del creador digital, y cómo integrarlas de manera efectiva en la estrategia general de generación de ingresos."

"Enumera de manera detallada las mejores prácticas para maximizar los ingresos a través de webinars o transmisiones en vivo como parte de la estrategia de monetización de los creadores digitales. Analiza aspectos como la planificación y promoción anticipada del evento, la creación de contenido valioso y relevante, la interacción activa con la audiencia, la inclusión de llamadas a la acción claras y la oferta de incentivos para la participación. Explora también estrategias para la monetización directa del evento, como la venta de boletos, la inclusión de ofertas exclusivas para participantes y la promoción de productos o servicios relevantes durante la transmisión. Proporciona ejemplos concretos y recomendaciones sobre cómo ejecutar webinars o transmisiones en vivo de manera efectiva para maximizar los ingresos y el compromiso con la audiencia."

"Explica detalladamente cómo gestionar devoluciones y disputas de manera efectiva para mantener la confianza del cliente y proteger los ingresos como creador digital. Analiza la importancia de tener una política clara de devoluciones y reembolsos, que sea fácilmente accesible para los clientes. Explora estrategias para abordar las disputas de manera rápida y profesional, priorizando la satisfacción del cliente y buscando soluciones que minimicen las pérdidas financieras. Además, discute la importancia de aprender de las devoluciones y disputas para mejorar continuamente la calidad del producto o servicio ofrecido. Proporciona ejemplos concretos y recomendaciones prácticas sobre cómo manejar estas situaciones de manera efectiva."

"Evalúa críticamente el impacto de la optimización móvil en las ventas y conversiones para los creadores digitales. Explora cómo la creciente prevalencia de dispositivos móviles ha transformado el comportamiento del consumidor y la experiencia de compra en línea. Analiza cómo un diseño web y una experiencia de usuario optimizados para dispositivos móviles pueden mejorar la accesibilidad, la velocidad de carga, la facilidad de navegación y, en última instancia, aumentar las conversiones y las ventas. Proporciona datos estadísticos y estudios de caso que ilustren el impacto positivo de la optimización móvil en la generación de ingresos para los creadores digitales."

"Discute en detalle la importancia de las pruebas A/B en la optimización de los ingresos de un creador digital. Explora cómo las pruebas A/B permiten comparar diferentes versiones de una página web, correo electrónico u otro elemento de marketing para determinar cuál genera mejores resultados en términos de conversiones y ventas. Analiza cómo realizar pruebas A/B de manera efectiva, incluyendo la definición de objetivos claros, la selección de variables significativas para probar, la ejecución de pruebas controladas y la interpretación de los resultados. Proporciona ejemplos prácticos y recomendaciones sobre cómo implementar pruebas A/B de manera efectiva para maximizar los ingresos."

"Examina en profundidad cómo aprovechar el contenido generado por el usuario para el crecimiento de ingresos como creador digital. Explora cómo el contenido generado por los usuarios, como reseñas, testimonios, fotos o videos de clientes satisfechos, puede aumentar la credibilidad, la confianza y la conexión emocional con la audiencia. Analiza estrategias para recopilar y destacar este contenido de manera efectiva, como la creación de campañas de hashtag en redes sociales, la solicitud activa de testimonios y reseñas, y la integración de contenido generado por usuarios en el sitio web o materiales de marketing. Proporciona ejemplos concretos y recomendaciones prácticas sobre cómo aprovechar este valioso recurso para impulsar los ingresos."

"Identifica estrategias efectivas para volver a involucrar a seguidores o suscriptores inactivos con el fin de aumentar los ingresos como creador digital. Explora tácticas para reactivar la participación de la audiencia, como el envío de correos electrónicos personalizados, la creación de contenido exclusivo o promociones especiales para usuarios inactivos, y la segmentación de la audiencia en función de su nivel de compromiso. Analiza también cómo la monitorización del comportamiento del usuario y la identificación de puntos de contacto clave pueden ayudar a diseñar estrategias de reengagement más efectivas. Proporciona ejemplos concretos y recomendaciones prácticas sobre cómo implementar estas estrategias de manera efectiva para recuperar la atención y el compromiso de la audiencia inactiva."

"Explora detalladamente cómo crear una escalera de valor para maximizar el valor de por vida del cliente como creador digital. Analiza cómo una escalera de valor, que ofrece una progresión gradual de productos o servicios con diferentes niveles de precio y valor, puede fomentar la lealtad del cliente, aumentar la retención y maximizar los ingresos a largo plazo. Examina estrategias para diseñar una escalera de valor efectiva, como la segmentación de la audiencia, la alineación de productos con las necesidades y deseos del cliente, y la creación de incentivos para el upselling y el cross-selling. Proporciona ejemplos concretos y recomendaciones prácticas sobre cómo implementar una escalera de valor exitosa."

"Analiza críticamente el impacto de la localización y la globalización en las ganancias de un creador digital. Explora cómo la localización, adaptando el contenido y la estrategia de marketing para audiencias específicas en diferentes regiones, puede mejorar la relevancia y efectividad del contenido, aumentando así las ventas. Por otro lado, examina cómo la globalización, alcanzando una audiencia internacional a través de plataformas digitales, puede expandir el alcance y la oportunidad de monetización del contenido digital. Proporciona ejemplos concretos y recomendaciones sobre cómo aprovechar la localización y la globalización de manera efectiva para aumentar los ingresos como creador digital."

"Enumera de manera exhaustiva las mejores herramientas disponibles para automatizar procesos comerciales o embudos de ventas con el fin de aumentar los ingresos como creador digital. Explora herramientas de automatización de marketing, gestión de relaciones con clientes (CRM), email marketing, gestión de redes sociales y gestión de ventas, evaluando cada herramienta en función de su facilidad de uso, funcionalidad, integraciones y precio. Proporciona ejemplos concretos y recomendaciones sobre cómo seleccionar y utilizar herramientas de automatización que se alineen con las necesidades y objetivos específicos del negocio digital."

"Describe en detalle las consideraciones legales para creadores digitales, como los derechos de autor y los contratos, que afectan los ingresos. Explora la importancia de proteger la propiedad intelectual, asegurando que el contenido digital esté adecuadamente protegido contra el uso no autorizado. Además, analiza la importancia de establecer contratos claros y completos con colaboradores, socios comerciales y plataformas de distribución para garantizar la protección legal y la distribución justa de los ingresos. Proporciona ejemplos concretos y recomendaciones sobre cómo abordar estas consideraciones legales de manera efectiva para proteger y maximizar los ingresos como creador digital."

"Evalúa críticamente el uso de anuncios de retargeting para mejorar las ventas y los ingresos de los creadores digitales. Explora cómo el retargeting, mostrando anuncios específicos a usuarios que han interactuado previamente con el contenido digital o el sitio web, puede aumentar la conversión y la retención de clientes al recordarles productos o servicios de interés. Analiza estrategias para implementar anuncios de retargeting de manera efectiva, como la segmentación de audiencia, la personalización del mensaje y la optimización del embudo de ventas. Proporciona ejemplos concretos y recomendaciones sobre cómo utilizar el retargeting para mejorar la efectividad de la estrategia de marketing y aumentar los ingresos como creador digital."

"Identifica de manera detallada los pasos necesarios para llevar a cabo una auditoría financiera de tus productos o servicios digitales. Explora cómo realizar un análisis exhaustivo de los ingresos y gastos asociados con la creación y distribución de productos digitales, así como la evaluación de la rentabilidad de cada producto o servicio. Examina también la revisión de métricas financieras clave, como el costo de adquisición de clientes, el valor de vida del cliente y el retorno de la inversión en marketing. Proporciona ejemplos concretos y recomendaciones sobre cómo realizar una auditoría financiera efectiva para identificar áreas de mejora y optimizar la estrategia de monetización."

"Discute de manera exhaustiva cómo las actuales tendencias de la industria y los avances tecnológicos podrían impactar los ingresos futuros de los creadores digitales. Explora cómo tendencias como el cambio en los hábitos de consumo, la adopción de nuevas plataformas digitales, la evolución de algoritmos de búsqueda y la aparición de tecnologías emergentes como la realidad aumentada o la inteligencia artificial pueden influir en la demanda de contenido digital y las oportunidades de monetización. Analiza también estrategias para adaptarse a estas tendencias y aprovechar las nuevas oportunidades de ingresos. Proporciona ejemplos concretos y recomendaciones sobre cómo mantenerse al día con los cambios en la industria y capitalizar las tendencias emergentes."

"Examina en detalle estrategias efectivas para aumentar el valor promedio del pedido o el valor del carrito para tus productos digitales. Explora tácticas como la implementación de ofertas bundle, la recomendación de productos complementarios, la creación de programas de fidelización con incentivos para compras repetidas, y la oferta de opciones de personalización o mejoras adicionales. Analiza cómo estas estrategias pueden aumentar el valor percibido de la compra y fomentar compras más grandes y frecuentes. Proporciona ejemplos concretos y recomendaciones sobre cómo implementar estas estrategias de manera efectiva para maximizar los ingresos."

"Compara de manera crítica las ventajas y desventajas de ofrecer descuentos o paquetes para aumentar las ventas de productos digitales. Explora cómo los descuentos pueden atraer nuevos clientes, aumentar la conversión y liquidar inventario excedente, pero también pueden reducir la percepción de valor y erosionar los márgenes de beneficio. Por otro lado, analiza cómo los paquetes pueden aumentar el valor percibido de la oferta, fomentar compras adicionales y mejorar la retención del cliente, pero también pueden requerir una planificación cuidadosa de precios y logística. Proporciona ejemplos concretos y recomendaciones sobre cuándo y cómo utilizar descuentos o paquetes de manera efectiva para aumentar las ventas y los ingresos."

"Esboza los elementos esenciales necesarios para crear un exitoso programa de afiliados o embajadores como creador digital. Explora cómo reclutar, capacitar y motivar a afiliados o embajadores para promocionar tus productos o servicios digitales, ofreciendo incentivos como comisiones por ventas, acceso exclusivo a contenido o eventos, y reconocimiento público. Analiza también la importancia de establecer objetivos claros, proporcionar herramientas de marketing y seguimiento eficaces, y mantener una comunicación constante con los participantes del programa. Proporciona ejemplos concretos y recomendaciones sobre cómo diseñar y gestionar un programa de afiliados o embajadores que impulse las ventas y aumente los ingresos de manera sostenible."

"Analiza a fondo el papel del soporte al cliente y su impacto en los ingresos y la imagen de marca de un creador digital. Explora cómo brindar un soporte al cliente de alta calidad puede mejorar la satisfacción del cliente, fomentar la lealtad y aumentar las recomendaciones positivas, lo que a su vez puede conducir a un mayor volumen de ventas y mayores ingresos a largo plazo. Discute también cómo una experiencia positiva de atención al cliente puede fortalecer la imagen de marca, generando confianza y credibilidad en la mente de los consumidores. Proporciona ejemplos concretos y recomendaciones sobre cómo implementar un servicio de atención al cliente efectivo que contribuya al crecimiento del negocio digital."

"Identifica métodos efectivos para optimizar los procesos de pago o compra con el fin de reducir el abandono del carrito y aumentar las conversiones. Explora estrategias como simplificar el proceso de pago, ofrecer múltiples opciones de pago, eliminar pasos innecesarios, optimizar la velocidad de carga de la página de pago, y brindar una experiencia de usuario fluida y segura. Analiza cómo la implementación de estas tácticas puede reducir la fricción en el proceso de compra y mejorar la tasa de conversión. Proporciona ejemplos concretos y recomendaciones sobre cómo implementar estas mejoras en los procesos de pago para aumentar los ingresos."

"Enumera estrategias efectivas para aumentar el tráfico orgánico a tu sitio web, blog o tienda en línea con el objetivo de generar ingresos. Explora tácticas como la optimización del contenido para motores de búsqueda (SEO), la creación de contenido de alta calidad y relevante, la participación en redes sociales, la colaboración con influencers, el marketing de contenidos, la optimización de la velocidad de carga del sitio web, y la participación en comunidades en línea. Analiza cómo estas estrategias pueden mejorar la visibilidad del sitio y aumentar el tráfico de usuarios interesados en el contenido o productos ofrecidos. Proporciona ejemplos concretos y recomendaciones sobre cómo implementar estas estrategias para generar ingresos a través del tráfico orgánico."

"Examina en detalle el potencial de los eventos virtuales o talleres en línea para la generación de ingresos como creador digital. Explora cómo la organización de eventos virtuales puede proporcionar una fuente adicional de ingresos a través de la venta de entradas, la oferta de membresías premium para acceso exclusivo, la promoción de productos o servicios durante el evento, y la generación de leads cualificados. Analiza también cómo estos eventos pueden aumentar la visibilidad de la marca, fortalecer la relación con la audiencia y establecer autoridad en el campo. Proporciona ejemplos concretos y recomendaciones sobre cómo planificar y ejecutar eventos virtuales de manera efectiva para maximizar los ingresos."

"Describe las mejores prácticas para reutilizar contenido con el fin de maximizar los ingresos como creador digital. Explora estrategias como la repurposición de contenido para diferentes formatos y plataformas, la creación de series o colecciones de contenido relacionado, la actualización y optimización periódica de contenido existente, y la creación de contenido evergreen que permanezca relevante a lo largo del tiempo. Analiza cómo la reutilización inteligente del contenido puede aumentar su alcance, durabilidad y valor percibido, generando múltiples fuentes de ingresos a partir de un mismo contenido. Proporciona ejemplos concretos y recomendaciones sobre cómo implementar estas prácticas de reutilización de contenido de manera efectiva para maximizar los ingresos y la eficiencia del trabajo creativo."

"Evalúa críticamente cómo mejorar tu copy de ventas o páginas de destino para convertir más visitantes en compradores como creador digital. Explora técnicas de redacción persuasiva, como la claridad en el mensaje, el uso de llamadas a la acción convincentes, la creación de un sentido de urgencia, y la inclusión de testimonios o pruebas sociales. Analiza también la importancia de la estructura y el diseño de la página, asegurándose de que sea intuitiva y atractiva visualmente. Proporciona ejemplos concretos y recomendaciones sobre cómo optimizar el copy de ventas y las páginas de destino para aumentar las conversiones y los ingresos."

"Analiza a fondo cómo una comunidad o seguidores comprometidos pueden conducir a un aumento de ingresos para los creadores digitales. Explora cómo una comunidad activa y comprometida puede proporcionar apoyo, retroalimentación y lealtad, lo que a su vez puede aumentar las oportunidades de venta, la retención de clientes y la recomendación boca a boca. Examina también cómo la participación en la comunidad puede generar ingresos adicionales a través de la venta de productos o servicios, membresías premium, donaciones o colaboraciones. Proporciona ejemplos concretos y recomendaciones sobre cómo cultivar y aprovechar una comunidad comprometida para impulsar los ingresos como creador digital."

"Identifica de manera exhaustiva posibles flujos de ingresos derivados del merchandising o productos con licencia para los creadores digitales. Explora opciones como la venta de mercancía personalizada, productos digitales descargables, colaboraciones con marcas para productos con licencia, y la creación de productos físicos relacionados con la marca. Analiza cómo estos flujos de ingresos pueden diversificar las fuentes de ingresos y aprovechar el compromiso y la afinidad de la audiencia con la marca. Proporciona ejemplos concretos y recomendaciones sobre cómo implementar estrategias de merchandising y licencias de manera efectiva para aumentar los ingresos."

"Discute detalladamente cómo hablar en público o apariciones como invitado pueden ser monetizados por creadores digitales. Explora cómo la participación en eventos, conferencias, podcasts u otros medios puede proporcionar oportunidades para aumentar la visibilidad, establecer autoridad en el campo y generar ingresos a través de tarifas de habla, patrocinios, promoción de productos o servicios, y oportunidades de networking. Analiza también cómo prepararse adecuadamente para estas apariciones puede aumentar la efectividad y el impacto monetario. Proporciona ejemplos concretos y recomendaciones sobre cómo capitalizar estas oportunidades para aumentar los ingresos como creador digital."

"Esboza estrategias efectivas para hacer crecer una comunidad Patreon u otra basada en suscripciones como creador digital. Explora tácticas como la creación de contenido exclusivo para suscriptores, el establecimiento de niveles de membresía con beneficios escalonados, la promoción activa de la comunidad en línea y fuera de línea, y la participación regular con los miembros. Analiza cómo una comunidad Patreon sólida puede proporcionar ingresos recurrentes y estables, así como un sentido de pertenencia y conexión para los seguidores. Proporciona ejemplos concretos y recomendaciones sobre cómo desarrollar y mantener una comunidad basada en suscripciones exitosa y en crecimiento."

"Examina detalladamente el impacto de las reseñas y testimonios de clientes en las ventas de productos o servicios como creador digital. Explora cómo las reseñas positivas y los testimonios pueden aumentar la credibilidad, generar confianza y influir en las decisiones de compra de los clientes potenciales. Analiza también cómo gestionar eficazmente las reseñas negativas o neutrales puede mitigar su impacto negativo en las ventas. Además, discute la importancia de solicitar activamente reseñas y testimonios de clientes satisfechos como parte de la estrategia de marketing. Proporciona ejemplos concretos y recomendaciones sobre cómo aprovechar al máximo las reseñas y testimonios para impulsar las ventas y los ingresos como creador digital."

"Compara de manera exhaustiva el retorno de la inversión de invertir en publicidad pagada versus alcance orgánico para creadores digitales. Explora cómo la publicidad pagada puede proporcionar resultados inmediatos y medibles, pero a menudo requiere una inversión financiera significativa, mientras que el alcance orgánico puede generar resultados a más largo plazo y con menor costo, pero requiere tiempo y esfuerzo para construir y mantener. Analiza también cómo la combinación de ambas estrategias puede ser beneficiosa para maximizar el alcance y los ingresos. Proporciona datos comparativos, ejemplos y recomendaciones sobre cómo tomar decisiones informadas sobre la asignación de presupuesto entre publicidad pagada y alcance orgánico."

"Discute a fondo los mejores métodos para proteger tus activos digitales y flujos de ingresos como creador digital. Explora estrategias como el registro de derechos de autor, el uso de contratos sólidos para colaboraciones y acuerdos comerciales, la implementación de medidas de seguridad cibernética para proteger contra el robo de propiedad intelectual y el fraude, y la diversificación de las fuentes de ingresos para mitigar el riesgo financiero. Analiza también cómo la educación continua y la vigilancia activa pueden ayudar a mantener la integridad y la seguridad de los activos digitales. Proporciona ejemplos concretos y recomendaciones sobre cómo implementar medidas efectivas de protección de activos digitales."

"Identifica herramientas rentables para la creación de contenido y marketing con el fin de aumentar el retorno de la inversión como creador digital. Explora opciones como plataformas de gestión de redes sociales, herramientas de diseño gráfico y edición de video, software de automatización de marketing por correo electrónico, y herramientas de análisis de datos para optimizar la estrategia de contenido y marketing. Analiza cómo estas herramientas pueden aumentar la eficiencia, mejorar la calidad del contenido y ampliar el alcance de la audiencia sin comprometer significativamente el presupuesto. Proporciona ejemplos concretos y recomendaciones sobre cómo seleccionar y utilizar herramientas rentables para maximizar el retorno de la inversión."

"Evalúa críticamente el impacto de las promociones estacionales o ventas de temporada en los ingresos totales de los creadores digitales. Explora cómo las promociones estacionales, como descuentos por temporada o campañas de marketing temáticas, pueden estimular la demanda y aumentar las ventas durante períodos específicos del año. Analiza también cómo planificar y ejecutar estas promociones de manera estratégica puede maximizar el impacto en los ingresos, evitando la devaluación del producto y maximizando los márgenes de beneficio. Proporciona ejemplos concretos y recomendaciones sobre cómo aprovechar al máximo las promociones estacionales para impulsar los ingresos totales."

"Enumera de manera detallada los componentes esenciales necesarios para desarrollar un kit de medios o tarifa para colaboraciones de marca como creador digital. Explora elementos como la información de contacto, la descripción de la audiencia y el alcance, las estadísticas de compromiso y participación, el contenido de muestra, las tarifas de colaboración, las políticas de publicación y cualquier requisito específico de la marca. Analiza cómo un kit de medios bien elaborado puede ser una herramienta poderosa para presentar de manera profesional y persuasiva la propuesta de colaboración a las marcas. Proporciona ejemplos concretos y recomendaciones sobre cómo diseñar un kit de medios efectivo para aumentar las oportunidades de colaboración y los ingresos."

"Describe minuciosamente cómo negociar mejores condiciones para acuerdos de patrocinio o alianzas de afiliados como creador digital. Explora estrategias de negociación, como demostrar el valor que aportas a la marca, conocer tus límites y objetivos, y estar dispuesto a comprometerte en áreas menos críticas. Analiza también la importancia de mantener una comunicación abierta y constructiva durante el proceso de negociación para lograr un acuerdo mutuamente beneficioso. Proporciona ejemplos concretos y recomendaciones sobre cómo prepararte para negociar acuerdos de patrocinio o alianzas de afiliados de manera efectiva para maximizar tus ingresos y beneficios."

"Discute estrategias efectivas para mantener un horario de trabajo-vida equilibrado mientras se maximizan los ingresos como creador digital. Explora tácticas como establecer límites claros entre trabajo y tiempo personal, establecer horarios y rutinas regulares, delegar tareas cuando sea posible, priorizar actividades según su importancia y urgencia, y practicar el autocuidado y la desconexión digital. Analiza cómo mantener un equilibrio saludable puede aumentar la productividad y la creatividad a largo plazo, así como mejorar la calidad de vida en general. Proporciona ejemplos concretos y recomendaciones sobre cómo implementar estas estrategias de manera efectiva para lograr un equilibrio entre trabajo y vida mientras se maximizan los ingresos."

"Analiza detalladamente la importancia de la planificación financiera y la elaboración de presupuestos para un crecimiento de ingresos sostenible como creador digital. Explora cómo la planificación financiera puede ayudar a establecer metas claras, identificar oportunidades de inversión y ahorro, anticipar posibles desafíos financieros y optimizar el flujo de efectivo. Analiza también la importancia de elaborar presupuestos realistas que reflejen los ingresos esperados y los gastos necesarios para mantener y hacer crecer el negocio digital. Proporciona ejemplos concretos y recomendaciones sobre cómo implementar una planificación financiera efectiva y elaborar presupuestos que apoyen un crecimiento de ingresos sostenible a largo plazo."

"Examina de manera crítica los pros y los contras de ingresar a nuevos mercados o nichos para diversificar los ingresos como creador digital.

Explora cómo la expansión a nuevos mercados o nichos puede proporcionar nuevas oportunidades de crecimiento y aumentar los ingresos, pero también puede implicar riesgos como la falta de experiencia en el nuevo mercado, la competencia aumentada y los costos adicionales de marketing y desarrollo. Analiza cómo evaluar cuidadosamente estos factores puede ayudar a tomar decisiones informadas sobre la diversificación de ingresos. Proporciona ejemplos concretos y recomendaciones sobre cómo abordar la entrada a nuevos mercados o nichos de manera estratégica para maximizar los beneficios y minimizar los riesgos."

"Compara detalladamente la efectividad de los embudos de correo electrónico y los embudos de ventas en la maximización de las ventas digitales como creador digital. Explora cómo los embudos de correo electrónico pueden ser efectivos para nutrir y convertir clientes potenciales a lo largo del tiempo, mientras que los embudos de ventas pueden ser más adecuados para capturar leads y cerrar ventas de manera más inmediata. Analiza también cómo la combinación de ambos enfoques puede ser beneficiosa para cubrir diferentes etapas del proceso de compra y maximizar las conversiones. Proporciona datos comparativos, ejemplos y recomendaciones sobre cuándo y cómo utilizar embudos de correo electrónico y embudos de ventas de manera efectiva para aumentar las ventas digitales."

"Discute a fondo las implicaciones de las leyes de privacidad de datos en las estrategias de marketing y los ingresos de los creadores digitales. Explora cómo regulaciones como el GDPR y el CCPA afectan la recopilación, el almacenamiento y el uso de datos personales de los usuarios, así como las prácticas de marketing como el correo electrónico, la publicidad dirigida y el seguimiento de comportamiento en línea. Analiza también cómo cumplir con estas leyes puede influir en las estrategias de marketing y en la recopilación de datos para personalización y segmentación. Proporciona ejemplos concretos y recomendaciones sobre cómo adaptar las estrategias de marketing y monetización para cumplir con las leyes de privacidad de datos y mantener la confianza del cliente."

"Identifica técnicas efectivas para realizar encuestas de clientes o investigación de mercado con el fin de aumentar las ventas como creador digital. Explora métodos para recopilar información sobre las necesidades, preferencias y comportamientos de los clientes, como encuestas en línea, entrevistas, grupos focales y análisis de datos de comportamiento. Analiza también cómo interpretar y utilizar los datos obtenidos para informar la estrategia de productos, marketing y experiencia del cliente. Proporciona ejemplos concretos y recomendaciones sobre cómo diseñar y administrar encuestas de clientes e investigación de mercado de manera efectiva para identificar oportunidades de ventas y mejorar la satisfacción del cliente."

"Lista pasos prácticos para mejorar la experiencia del usuario de tu tienda en línea o sitio web con el objetivo de maximizar las ventas como creador digital. Explora áreas clave como el diseño de la interfaz de usuario, la navegación, la velocidad de carga, la claridad del contenido y el proceso de compra. Analiza cómo optimizar cada aspecto puede mejorar la usabilidad y la satisfacción del usuario, lo que a su vez puede aumentar las conversiones y las ventas. Proporciona ejemplos concretos y recomendaciones sobre cómo implementar mejoras en la experiencia del usuario de manera efectiva para maximizar las ventas."

"Describe detalladamente los beneficios de usar chatbots o herramientas de servicio al cliente para aumentar los ingresos como creador digital. Explora cómo los chatbots pueden proporcionar atención al cliente instantánea y personalizada las 24 horas del día, los 7 días de la semana, responder preguntas frecuentes, ayudar en el proceso de compra y mejorar la experiencia del usuario en general. Analiza también cómo la automatización de ciertas tareas puede liberar tiempo y recursos para enfocarse en actividades de generación de ingresos. Proporciona ejemplos concretos y recomendaciones sobre cómo implementar chatbots u otras herramientas de servicio al cliente de manera efectiva para aumentar las ventas y la satisfacción del cliente."

"Evalúa de manera exhaustiva los riesgos y recompensas potenciales del financiamiento colectivo o inversión para tu negocio de creación digital. Explora los beneficios de utilizar plataformas de crowdfunding o buscar inversionistas para financiar proyectos y expandir el alcance de tu negocio. Sin embargo, también analiza los riesgos asociados, como la dilución del control, las expectativas de retorno de la inversión y las obligaciones financieras adicionales. Proporciona ejemplos concretos y recomendaciones sobre cómo evaluar cuidadosamente estas opciones de financiamiento para tomar decisiones informadas que impulsen el crecimiento sostenible de tu negocio digital."

"Discute detalladamente cómo la estacionalidad o las tendencias pueden afectar tus ventas como creador digital y cómo planificar estratégicamente para ellas. Explora cómo las fluctuaciones estacionales o las tendencias del mercado pueden influir en la demanda de tus productos o servicios, así como en los patrones de compra de los consumidores. Analiza también cómo anticipar y adaptarte a estas variaciones puede ayudar a minimizar impactos negativos y capitalizar oportunidades para maximizar las ventas. Proporciona ejemplos concretos y recomendaciones sobre cómo ajustar tus estrategias de marketing, lanzamientos de productos y gestión de inventario para aprovechar al máximo la estacionalidad y las tendencias del mercado."

"Examina minuciosamente el papel de las alianzas colaborativas en el impulso de tu marca y ganancias como creador digital. Explora cómo las colaboraciones estratégicas con otras marcas, influencers o creadores pueden ayudar a aumentar la visibilidad, expandir el alcance de la audiencia y abrir nuevas oportunidades de ingresos. Analiza también cómo seleccionar socios adecuados, establecer objetivos claros y colaborar de manera efectiva puede maximizar los beneficios de estas alianzas. Proporciona ejemplos concretos y recomendaciones sobre cómo identificar y aprovechar al máximo las oportunidades de colaboración para impulsar tu marca y ganancias."

"Identifica de manera precisa los KPI o métricas más impactantes para monitorear el éxito financiero como creador digital. Explora métricas como el ingreso bruto, el retorno de inversión publicitaria (ROAS), el costo de adquisición de clientes (CAC), la tasa de conversión, y el valor del ciclo de vida del cliente (CLV). Analiza cómo estas métricas pueden proporcionar información valiosa sobre la salud financiera de tu negocio y ayudarte a identificar áreas de mejora y oportunidades de crecimiento. Proporciona ejemplos concretos y recomendaciones sobre cómo establecer y seguir de cerca estos KPI para tomar decisiones estratégicas informadas que impulsen el éxito financiero a largo plazo."

"Analiza en detalle cómo reutilizar tu contenido más exitoso puede maximizar su potencial financiero como creador digital. Explora estrategias como la actualización y repurposición de contenido para diferentes plataformas y formatos, la creación de series o colecciones temáticas, y la promoción continua de contenido evergreen. Analiza cómo esta práctica puede ayudar a aumentar el alcance, la visibilidad y la relevancia de tu contenido, lo que a su vez puede generar más tráfico, engagement y oportunidades de monetización. Proporciona ejemplos concretos y recomendaciones sobre cómo implementar eficazmente la reutilización de contenido para maximizar sus beneficios financieros y su impacto a largo plazo."

"Discute detalladamente la importancia de una historia de marca o narrativa en la generación de ingresos a largo plazo como creador digital. Explora cómo una narrativa sólida y auténtica puede conectar emocionalmente con tu audiencia, construir lealtad y confianza en la marca, y diferenciarte de la competencia. Analiza también cómo una historia de marca bien articulada puede influir en las percepciones de valor y motivar a los clientes a comprometerse y comprar tus productos o servicios. Proporciona ejemplos concretos y recomendaciones sobre cómo desarrollar y comunicar una historia de marca efectiva que impulse los ingresos a largo plazo."

"Enumera exhaustivamente posibles productos o servicios adicionales o complementarios que podrían mejorar tus flujos de ingresos como creador digital. Explora opciones como productos digitales descargables, membresías premium, servicios de consultoría, cursos o talleres virtuales, merchandising y colaboraciones con otras marcas. Analiza cómo la diversificación de tus ofertas puede aumentar las oportunidades de venta, capturar diferentes segmentos de mercado y generar ingresos recurrentes. Proporciona ejemplos concretos y recomendaciones sobre cómo identificar y desarrollar productos o servicios complementarios que impulsen tus ingresos y el valor percibido por tus clientes."

"Describe métodos efectivos para reducir los costos operativos o de producción como creador digital con el fin de aumentar la rentabilidad. Explora estrategias como la optimización de procesos, la automatización de tareas repetitivas, la externalización de servicios no esenciales, la negociación de mejores tarifas con proveedores y la implementación de prácticas de ahorro de costos. Analiza también cómo mantener un equilibrio entre la eficiencia operativa y la calidad del producto o servicio ofrecido. Proporciona ejemplos concretos y recomendaciones sobre cómo identificar y aplicar medidas efectivas para reducir los costos y mejorar la rentabilidad."

"Evalúa críticamente la viabilidad financiera de crear una aplicación móvil o software como creador digital. Explora aspectos como los costos de desarrollo y mantenimiento, la demanda del mercado, la competencia existente, y las fuentes potenciales de ingresos, como las descargas pagadas, las suscripciones, las compras dentro de la aplicación y la publicidad. Analiza también los riesgos y desafíos asociados, como la saturación del mercado y la rápida obsolescencia tecnológica. Proporciona datos comparativos, ejemplos y recomendaciones sobre cómo evaluar la viabilidad financiera y técnica de crear una aplicación móvil o software para maximizar los ingresos y minimizar los riesgos."

"Discute estrategias para lanzar con éxito un nuevo producto o función como creador digital con el objetivo de maximizar los ingresos. Explora tácticas como la creación de expectativa a través de campañas de anticipación, la generación de interés y compromiso con contenido teaser, la colaboración con influencers o socios estratégicos, y la implementación de promociones especiales durante el lanzamiento. Analiza también cómo obtener retroalimentación temprana de los clientes puede ayudar a mejorar el producto y optimizar las estrategias de marketing. Proporciona ejemplos concretos y recomendaciones sobre cómo planificar y ejecutar un lanzamiento exitoso que impulse los ingresos y la satisfacción del cliente."

"Identifica de manera exhaustiva los errores más comunes que los creadores digitales deben evitar para mantener sus ingresos. Explora errores como la falta de enfoque en la calidad del contenido, ignorar la retroalimentación del cliente, no diversificar las fuentes de ingresos, descuidar la gestión financiera, no adaptarse a cambios en el mercado, y no invertir en marketing y promoción. Analiza cómo cada uno de estos errores puede afectar negativamente los ingresos y el crecimiento a largo plazo del negocio digital. Proporciona ejemplos concretos y recomendaciones sobre cómo evitar estos errores y mantener una estrategia sólida para maximizar los ingresos."

"Examina detalladamente las diferentes pasarelas de pago y su impacto en tus ventas y flujo de efectivo como creador digital. Explora opciones como PayPal, Stripe, Square y otras pasarelas de pago populares, y analiza factores como las tarifas de transacción, la facilidad de integración, la seguridad y la experiencia del usuario. Analiza también cómo la selección de la pasarela de pago adecuada puede influir en la tasa de conversión, la satisfacción del cliente y la eficiencia operativa. Proporciona ejemplos concretos y recomendaciones sobre cómo elegir la pasarela de pago más adecuada para tu negocio digital y optimizar el proceso de pago para aumentar las ventas y el flujo de efectivo."

"Compara de manera exhaustiva diversos modelos de suscripción y modelos freemium para determinar el más adecuado para tus ofertas como creador digital. Explora cómo los modelos de suscripción ofrecen ingresos recurrentes y una base de clientes leales, mientras que los modelos freemium permiten la adquisición de clientes y la monetización de características premium. Analiza también los pros y contras de cada modelo en términos de ingresos, retención de clientes, escalabilidad y valor percibido por los usuarios. Proporciona ejemplos concretos y recomendaciones sobre cómo seleccionar y implementar el modelo de monetización más efectivo para tus productos o servicios digitales."

"Discute en profundidad la viabilidad a largo plazo de tu negocio de creación digital y estrategias para un crecimiento sostenible. Explora aspectos como la identificación y adaptación a las tendencias del mercado, la diversificación de las fuentes de ingresos, la gestión eficaz de costos y gastos, la inversión en innovación y desarrollo, y la construcción de relaciones sólidas con la audiencia y los clientes. Analiza también cómo mantener un enfoque a largo plazo puede ayudar a superar los desafíos y aprovechar las oportunidades para un crecimiento sostenible. Proporciona ejemplos concretos y recomendaciones sobre cómo planificar y ejecutar estrategias efectivas para asegurar la viabilidad a largo plazo de tu negocio digital."

"Explora en detalle los beneficios de las plataformas de membresía para creadores digitales en un campo específico. Explora cómo las plataformas de membresía pueden proporcionar un flujo de ingresos recurrente y predecible, una comunidad comprometida y leal, y oportunidades de crecimiento y monetización adicionales. Analiza también cómo ofrecer contenido exclusivo, acceso anticipado, y beneficios especiales puede generar valor para los miembros y aumentar la retención. Proporciona ejemplos concretos y recomendaciones sobre cómo aprovechar al máximo las plataformas de membresía para potenciar tu negocio digital en un campo específico."

"Explora detalladamente cómo crear una serie de seminarios web rentable sobre un tema o habilidad específica como creador digital. Examina aspectos clave como la selección del tema, la planificación y estructura del contenido, la promoción efectiva, la monetización a través de la venta de boletos o productos asociados, y la participación y seguimiento de los participantes. Analiza también cómo ofrecer valor agregado, interactuar con la audiencia y generar confianza pueden contribuir al éxito y rentabilidad de la serie de seminarios web. Proporciona ejemplos concretos y recomendaciones sobre cómo planificar, ejecutar y monetizar una serie de seminarios web de manera efectiva."

"Evalúa críticamente el potencial de ingresos del marketing de afiliación para creadores en un nicho o plataforma específica. Explora cómo el marketing de afiliación puede proporcionar una fuente adicional de ingresos a través de la promoción de productos o servicios de terceros a cambio de comisiones por ventas. Analiza también factores como la relevancia y alineación de los productos o servicios promocionados, el tamaño y la participación de la audiencia, y la efectividad de las estrategias de promoción. Proporciona datos comparativos, ejemplos y recomendaciones sobre cómo evaluar y aprovechar el potencial de ingresos del marketing de afiliación como creador digital en un nicho o plataforma específica."

"Desarrolla un estudio de caso detallado sobre campañas exitosas de Patreon dentro del género específico de creador. Explora cómo los creadores dentro de este género han utilizado Patreon para monetizar su contenido, construir una comunidad comprometida y diversificar sus flujos de ingresos. Analiza también las estrategias de lanzamiento, promoción y compromiso que contribuyeron al éxito de estas campañas, así como los desafíos y lecciones aprendidas en el camino. Proporciona ejemplos concretos, datos de rendimiento y recomendaciones sobre cómo aplicar las mejores prácticas de campañas exitosas de Patreon en el mismo género de creador."

"Describe paso a paso cómo lanzar un curso en línea exitoso sobre una habilidad o tema específico como creador digital. Explora aspectos como la definición del público objetivo y los objetivos del curso, la planificación y creación del contenido, la elección de la plataforma de aprendizaje en línea, la fijación de precios y estrategias de comercialización, y la gestión de la participación y retroalimentación de los estudiantes. Analiza también cómo proporcionar valor agregado, interacción en vivo y soporte continuo pueden mejorar la experiencia del estudiante y aumentar la satisfacción y retención. Proporciona ejemplos concretos y recomendaciones sobre cómo lanzar con éxito un curso en línea como creador digital."

"Evalúa exhaustivamente las mejores prácticas para vender mercancía como creador digital en una industria específica. Explora aspectos clave como la selección y diseño de productos, la plataforma de comercio electrónico, la fijación de precios, la estrategia de promoción y la gestión de inventario y cumplimiento. Analiza también cómo aprovechar la marca personal y la comunidad de seguidores puede influir en las ventas y la lealtad del cliente. Proporciona ejemplos concretos y recomendaciones sobre cómo implementar estrategias efectivas de venta de mercancía como creador digital en una industria específica."

"Elabora una guía detallada sobre cómo aprovechar una plataforma emergente de redes sociales para asociaciones de marca como creador digital. Explora estrategias para identificar y aprovechar oportunidades de colaboración con marcas en la plataforma, incluyendo la investigación de marcas afines, el establecimiento de relaciones con posibles socios, y la creación de propuestas de valor convincentes. Analiza también cómo optimizar el contenido y la participación en la plataforma para aumentar la visibilidad y el atractivo para las marcas. Proporciona ejemplos concretos y recomendaciones sobre cómo maximizar el potencial de asociaciones de marca en una plataforma emergente de redes sociales."

"Compara exhaustivamente los modelos de suscripción versus productos de compra única para creadores en un nicho específico. Explora cómo los modelos de suscripción ofrecen ingresos recurrentes y una base de clientes leales, mientras que los productos de compra única pueden generar ingresos inmediatos pero requieren esfuerzos continuos de comercialización. Analiza también los pros y contras de cada modelo en términos de retención de clientes, escalabilidad, y valor percibido por los usuarios en el nicho específico. Proporciona datos comparativos, ejemplos y recomendaciones sobre cómo seleccionar el modelo de monetización más efectivo para los creadores en el nicho."

"Discute detalladamente la rentabilidad de licenciar contenido a medios de comunicación para creadores en un género específico. Explora cómo la licencia de contenido puede generar ingresos adicionales a través de acuerdos de distribución con medios de comunicación, productoras u otras plataformas de contenido. Analiza también factores como la demanda del mercado, la exclusividad de la licencia, y los términos y condiciones de los contratos de licencia. Proporciona ejemplos concretos y recomendaciones sobre cómo evaluar la rentabilidad y negociar acuerdos de licencia de contenido para maximizar los ingresos como creador en el género específico."

"Elabora un calendario de contenido que incorpore publicaciones patrocinadas para una industria específica como creador digital. Explora estrategias para integrar de manera efectiva publicaciones patrocinadas en el calendario editorial, incluyendo la identificación de oportunidades de colaboración con marcas afines, la creación de contenido relevante y auténtico, y la divulgación transparente de las relaciones de patrocinio. Analiza también cómo equilibrar el contenido patrocinado con el contenido orgánico para mantener la confianza y el compromiso de la audiencia. Proporciona ejemplos concretos y recomendaciones sobre cómo estructurar un calendario de contenido efectivo que incorpore publicaciones patrocinadas."

"Explora detalladamente cómo negociar acuerdos de marca para creadores digitales con una audiencia de tamaño mediano en un campo específico. Examina estrategias para establecer relaciones sólidas con las marcas, incluyendo la investigación de mercado, la creación de kits de medios efectivos, y la presentación de propuestas de colaboración convincentes. Analiza también cómo definir claramente los objetivos, expectativas y términos del acuerdo para asegurar beneficios mutuos y una colaboración exitosa. Proporciona ejemplos concretos y recomendaciones sobre cómo negociar acuerdos de marca de manera efectiva para maximizar los ingresos y la credibilidad como creador digital en el campo específico."

"Desglosa minuciosamente el proceso de establecer una campaña de financiamiento colectivo exitosa para un proyecto específico como creador digital. Explora cada fase del proceso, desde la planificación inicial y la definición de objetivos hasta la creación de una página de campaña atractiva, la identificación y segmentación del público objetivo, y la implementación de estrategias efectivas de promoción y participación. Analiza también cómo establecer recompensas atractivas y transparentes, mantener una comunicación constante con los partidarios y gestionar la campaña durante su duración. Proporciona ejemplos detallados y recomendaciones prácticas sobre cómo llevar a cabo cada paso con éxito y alcanzar los objetivos de financiamiento."

"Analiza de manera exhaustiva el papel del contenido exclusivo en la construcción de una base de suscriptores leales en un nicho específico como creador digital. Explora cómo el contenido exclusivo puede aumentar el valor percibido de la suscripción, fomentar el compromiso y la lealtad de la audiencia, y diferenciar la oferta del creador de otros contenidos disponibles gratuitamente. Analiza también estrategias para la creación, promoción y entrega de contenido exclusivo, así como la gestión de expectativas y la retroalimentación de los suscriptores. Proporciona ejemplos concretos y recomendaciones sobre cómo aprovechar al máximo el contenido exclusivo para construir una base de suscriptores leales en el nicho específico."

"Propón estrategias efectivas para que los creadores digitales maximicen los ingresos durante las temporadas festivas. Explora tácticas como la creación de contenido temático y promocional, la oferta de descuentos o paquetes especiales, la participación en eventos o colaboraciones estacionales, y la implementación de campañas de marketing específicas para las festividades. Analiza también cómo planificar con anticipación, optimizar la logística y la atención al cliente, y evaluar el rendimiento de las estrategias implementadas pueden contribuir al éxito durante estas temporadas clave. Proporciona ejemplos concretos y recomendaciones sobre cómo sacar el máximo provecho de las oportunidades de ingresos durante las temporadas festivas."

"Detalla paso a paso el proceso de crear y vender un libro electrónico sobre un tema específico como creador digital. Explora aspectos como la investigación y planificación del contenido, la escritura y edición, el diseño y formato, y la publicación y promoción del libro electrónico. Analiza también estrategias para la fijación de precios, distribución y comercialización del libro electrónico, así como la gestión de derechos de autor y licencias. Proporciona ejemplos prácticos y recomendaciones sobre cómo llevar a cabo cada etapa del proceso con éxito y generar ingresos significativos a través de la venta de libros electrónicos."

"Explora en detalle el potencial de las aplicaciones móviles para el compromiso del público y la monetización en un campo específico como creador digital. Examina cómo las aplicaciones móviles pueden ofrecer experiencias personalizadas, acceso conveniente al contenido y funcionalidades interactivas que aumentan la participación y retención de la audiencia. Analiza también estrategias para la monetización a través de modelos de suscripción, publicidad integrada, compras dentro de la aplicación y otras fuentes de ingresos. Proporciona ejemplos concretos y recomendaciones sobre cómo desarrollar y promocionar una aplicación móvil exitosa que maximice el compromiso del público y los ingresos en el campo específico."

"Investiga a fondo el impacto de los servicios de consultoría en los ingresos para creadores digitales en una industria específica. Explora cómo los servicios de consultoría pueden proporcionar una fuente adicional de ingresos a través de la asesoría y orientación especializada en áreas como estrategia de contenido, marketing digital, desarrollo de marca y monetización. Analiza también la demanda del mercado, la competencia, y las tarifas típicas para los servicios de consultoría en la industria específica. Proporciona ejemplos concretos y recomendaciones sobre cómo evaluar el potencial de ingresos y establecer una oferta de consultoría efectiva para los creadores digitales en esa industria."

"Crea un plan paso a paso para que los creadores digitales organicen talleres virtuales pagados sobre un tema específico. Explora cada etapa del proceso, desde la definición del tema y los objetivos del taller hasta la planificación y promoción, la selección de la plataforma de transmisión en vivo, y la gestión de inscripciones y pagos. Analiza también estrategias para la creación y entrega de contenido efectivo, la interacción con los participantes y la recopilación de retroalimentación. Proporciona ejemplos prácticos y recomendaciones sobre cómo organizar talleres virtuales pagados que generen ingresos significativos y proporcionen valor a los participantes."

"Evalúa la viabilidad de los servicios de impresión bajo demanda para artistas digitales en un género específico. Explora cómo los servicios de impresión bajo demanda pueden permitir a los artistas digitales vender sus obras en una variedad de productos físicos sin la necesidad de invertir en inventario o logística. Analiza también factores como la calidad de impresión, los costos involucrados, las opciones de personalización y la demanda del mercado en el género específico. Proporciona ejemplos concretos y recomendaciones sobre cómo aprovechar los servicios de impresión bajo demanda de manera efectiva para generar ingresos adicionales como artista digital."

"Analiza cómo los creadores digitales en un nicho específico pueden capitalizar la tendencia de un formato digital popular actual. Explora estrategias para la creación de contenido relevante y atractivo en el formato popular, la promoción y distribución efectivas, y la monetización a través de modelos de negocio adecuados. Analiza también cómo mantenerse al día con las tendencias del mercado y adaptarse a las preferencias del público pueden contribuir al éxito en la capitalización de la tendencia. Proporciona ejemplos inspiradores y recomendaciones prácticas sobre cómo aprovechar al máximo la tendencia de formato digital popular para generar ingresos en el nicho específico."

"Ofrece una guía detallada sobre cómo utilizar SEO para impulsar las ventas de productos digitales centrados en un tema específico. Explora estrategias para la investigación de palabras clave, la optimización de contenido, la construcción de enlaces, y la mejora de la experiencia del usuario para aumentar la visibilidad y el tráfico orgánico a los productos digitales. Analiza también cómo realizar un seguimiento y análisis de datos para mejorar continuamente la estrategia de SEO y maximizar las conversiones. Proporciona ejemplos prácticos y recomendaciones sobre cómo implementar eficazmente técnicas de SEO para aumentar las ventas de productos digitales en el tema específico."

"Discute a fondo la integración de experiencias de realidad virtual en estrategias de monetización para una industria específica. Explora cómo la realidad virtual puede ofrecer nuevas oportunidades para la monetización, como la venta de contenido premium, la creación de experiencias inmersivas de marca o la organización de eventos virtuales pagados. Analiza también los desafíos y consideraciones técnicas asociadas con la implementación de experiencias de realidad virtual, así como el potencial de mercado y la aceptación del consumidor en la industria específica. Proporciona ejemplos concretos y recomendaciones sobre cómo aprovechar al máximo la realidad virtual para aumentar los ingresos en la industria."

"Planifica de manera detallada una estrategia de canal de YouTube para maximizar los ingresos por publicidad en un nicho específico. Explora cada aspecto del proceso, desde la creación de contenido atractivo y relevante hasta la optimización del canal, la promoción cruzada en otras plataformas y la gestión de la comunidad. Analiza también estrategias para aumentar las vistas y la retención de audiencia, así como la optimización de la monetización a través de la publicidad, asociaciones de marca y otros modelos de ingresos. Proporciona ejemplos prácticos y recomendaciones sobre cómo desarrollar una estrategia efectiva que maximice los ingresos por publicidad en el nicho específico."

"Explica detalladamente los beneficios de la distribución de contenido en múltiples plataformas para diversificar los ingresos. Explora cómo la distribución en múltiples plataformas puede ampliar el alcance del contenido, llegar a nuevas audiencias y reducir la dependencia de una sola fuente de ingresos. Analiza también estrategias para adaptar el contenido a diferentes plataformas y audiencias, así como para aprovechar las herramientas y características específicas de cada plataforma. Proporciona ejemplos concretos y recomendaciones sobre cómo implementar una estrategia de distribución multicanal que aumente la diversificación de ingresos de manera efectiva."

"Identifica exhaustivamente oportunidades de colaboración para creadores digitales en un campo específico para aumentar los ingresos. Explora diversas formas de colaboración, como la coproducción de contenido, las asociaciones de marca, las promociones cruzadas y los eventos conjuntos. Analiza también cómo seleccionar socios estratégicos, establecer acuerdos claros y equitativos, y maximizar los beneficios mutuos de la colaboración. Proporciona ejemplos inspiradores y recomendaciones prácticas sobre cómo identificar y aprovechar oportunidades de colaboración para aumentar los ingresos como creador digital en el campo específico."

"Aprovecha el poder de un software o herramienta específica para la creación y monetización de productos digitales. Explora cómo esta herramienta puede facilitar la creación, distribución y promoción de productos digitales, así como la gestión de clientes y transacciones. Analiza también cómo optimizar el uso de la herramienta para aumentar la eficiencia y maximizar los ingresos. Proporciona ejemplos de casos de éxito y recomendaciones sobre cómo utilizar de manera efectiva el software o herramienta para mejorar la creación y monetización de productos digitales."

"Explora a fondo el papel de la construcción de comunidad en Discord en mejorar los ingresos de los creadores digitales. Examina cómo Discord puede servir como una plataforma para involucrar a los seguidores, proporcionar contenido exclusivo, facilitar la comunicación directa con la audiencia y crear un sentido de pertenencia. Analiza también estrategias para monetizar la comunidad, como ofrecer membresías de pago, organizar eventos especiales o promocionar productos digitales. Proporciona ejemplos concretos y recomendaciones sobre cómo utilizar Discord de manera efectiva para aumentar los ingresos como creador digital."

"Detalla cómo utilizar Instagram Reels de manera efectiva para promocionar productos digitales en un nicho específico. Explora técnicas creativas para la creación de Reels atractivos y relevantes que resuenen con la audiencia objetivo, resalten los atributos clave del producto y fomenten la participación. Analiza también estrategias para aumentar la visibilidad y el compromiso de los Reels, así como para dirigir el tráfico hacia la página de ventas o el sitio web. Proporciona ejemplos prácticos y recomendaciones sobre cómo aprovechar al máximo Instagram Reels para promover productos digitales en el nicho específico."

"Desarrolla una serie de podcasts atractiva que atraiga patrocinios para creadores en una industria específica. Explora temas relevantes y atractivos para la audiencia objetivo, así como formatos y estilos que generen interés y compromiso. Analiza también estrategias para aumentar la visibilidad y el alcance del podcast, y para identificar y negociar acuerdos de patrocinio. Proporciona ejemplos de contenido, consejos de producción y recomendaciones sobre cómo estructurar y promover la serie de podcasts para atraer patrocinios de manera efectiva."

"Analiza en profundidad el impacto de TikTok en el ciclo de ventas de productos digitales en un campo específico. Explora cómo TikTok puede servir como una plataforma poderosa para la promoción de productos, la generación de interés y la participación del público. Examina también estrategias para la creación de contenido atractivo y viral, así como para dirigir el tráfico hacia la página de ventas o el sitio web. Proporciona ejemplos concretos y recomendaciones sobre cómo aprovechar la popularidad y la dinámica de TikTok para impulsar el ciclo de ventas de productos digitales en el campo específico."

"Propone estrategias para maximizar los ingresos por publicidad en un blog sobre un área temática específica. Explora tácticas para aumentar el tráfico y la participación en el blog, como la optimización del SEO, la creación de contenido de calidad y la promoción en redes sociales. Analiza también cómo maximizar el valor percibido del espacio publicitario y atraer anunciantes relevantes y de alta calidad. Proporciona ejemplos prácticos y recomendaciones sobre cómo estructurar el contenido y gestionar las campañas publicitarias para maximizar los ingresos por publicidad en el blog sobre el área temática específica."

"Elabora una estrategia de marca personal detallada que atraiga clientes de alto valor para un servicio específico. Explora cómo desarrollar una identidad de marca auténtica y atractiva que resuene con tu audiencia objetivo, destacando tus fortalezas, valores y experiencia en el servicio específico. Analiza también estrategias para establecer autoridad y credibilidad en el campo, así como para diferenciarte de la competencia. Proporciona ejemplos concretos y recomendaciones sobre cómo construir una marca personal sólida que atraiga clientes de alto valor y contribuya al crecimiento de ingresos."

"Utiliza LinkedIn de manera estratégica para conectar con clientes B2B para ventas de productos digitales en una industria específica. Explora técnicas para optimizar tu perfil y presencia en LinkedIn, identificar y conectar con prospectos calificados, y cultivar relaciones efectivas. Analiza también estrategias para presentar tus productos digitales de manera convincente, generar interés y cerrar ventas en el entorno B2B de LinkedIn. Proporciona ejemplos prácticos y recomendaciones sobre cómo aprovechar al máximo esta plataforma para impulsar las ventas de productos digitales en la industria específica."

"Explora cómo los creadores digitales pueden utilizar hilos de Twitter de manera efectiva para dirigir tráfico a productos pagados. Examina técnicas para crear hilos atractivos y convincentes que capten la atención de tu audiencia, proporcionen valor agregado y generen interacción. Analiza también estrategias para integrar sutilmente enlaces a tus productos pagados dentro de los hilos, así como para fomentar la participación y la viralidad. Proporciona ejemplos concretos y recomendaciones sobre cómo utilizar los hilos de Twitter como una herramienta eficaz para impulsar el tráfico y las ventas de productos digitales."

"Crea un modelo financiero completo para creadores digitales que incluya la diversificación de flujos de ingresos. Explora cómo estructurar un modelo financiero que tenga en cuenta ingresos provenientes de múltiples fuentes, como ventas de productos digitales, membresías, patrocinios, afiliaciones y otros. Analiza también estrategias para gestionar gastos, impuestos y ahorros, así como para planificar el crecimiento y la expansión del negocio. Proporciona ejemplos prácticos y recomendaciones sobre cómo diseñar un modelo financiero sólido que promueva la estabilidad y el crecimiento sostenible de los ingresos para los creadores digitales."

"Evalúa la efectividad de las promociones cruzadas con otros creadores digitales en un nicho específico para el crecimiento de ingresos. Explora cómo colaborar con otros creadores digitales en iniciativas de promoción cruzada puede ampliar el alcance de tu audiencia, aumentar la visibilidad de tus productos y generar más ventas. Analiza también estrategias para identificar socios de colaboración adecuados, diseñar campañas de promoción efectivas y medir el impacto de las promociones cruzadas en los ingresos. Proporciona ejemplos de casos de éxito y recomendaciones sobre cómo aprovechar al máximo esta estrategia para impulsar el crecimiento de ingresos en el nicho específico."

"Evalúa minuciosamente el potencial de las plataformas de aprendizaje electrónico interactivas para creadores en un campo específico. Examina cómo estas plataformas pueden proporcionar un entorno educativo atractivo y efectivo para tu audiencia, permitiendo la entrega de contenido de alta calidad de manera interactiva y personalizada. Analiza también cómo estas plataformas pueden aumentar la participación del estudiante, mejorar la retención del conocimiento y ofrecer oportunidades de monetización a través de cursos, membresías o suscripciones. Proporciona ejemplos concretos y recomendaciones sobre cómo aprovechar al máximo estas plataformas para potenciar tus ingresos como creador en el campo específico."

"Explora en detalle el impacto del análisis de datos en las estrategias de fijación de precios para productos digitales. Examina cómo el análisis de datos puede proporcionar información valiosa sobre el comportamiento del cliente, las tendencias del mercado y la competencia, ayudando a determinar precios óptimos para los productos digitales. Analiza también cómo el análisis de datos puede optimizar la segmentación de precios, la personalización de ofertas y la identificación de oportunidades de valor añadido. Proporciona ejemplos prácticos y recomendaciones sobre cómo integrar eficazmente el análisis de datos en las estrategias de fijación de precios para maximizar los ingresos."

"Detalla cómo crear páginas de ventas convincentes para productos digitales de alta conversión en un nicho específico. Explora técnicas de copywriting, diseño y estructura de página que capturen la atención del visitante, destaquen los beneficios y características del producto, y generen confianza y deseo de compra. Analiza también cómo optimizar elementos como los testimonios de clientes, las garantías y las llamadas a la acción para impulsar las conversiones. Proporciona ejemplos de páginas de ventas exitosas y recomendaciones prácticas sobre cómo diseñar páginas de ventas efectivas que impulsen las ventas de productos digitales en el nicho específico."

"Explora el uso estratégico de la gamificación para aumentar las ventas de productos educativos digitales. Examina cómo la gamificación puede mejorar la participación del usuario, fomentar la motivación y el compromiso, y mejorar la experiencia de aprendizaje del estudiante. Analiza también cómo incorporar elementos de gamificación, como puntos, niveles y recompensas, puede hacer que tus productos educativos sean más atractivos y adictivos. Proporciona ejemplos de técnicas de gamificación exitosas y recomendaciones sobre cómo implementar la gamificación de manera efectiva para impulsar las ventas de productos educativos digitales."

"Propone estrategias efectivas para aprovechar las oportunidades de hablar en público para vender productos digitales. Explora cómo las presentaciones en eventos, conferencias o webinars pueden ser una poderosa herramienta de marketing y ventas para los creadores digitales. Analiza también cómo estructurar tus presentaciones para destacar los beneficios y el valor de tus productos digitales, conectar emocionalmente con la audiencia y generar interés y confianza. Proporciona ejemplos prácticos y recomendaciones sobre cómo prepararte y presentarte de manera efectiva para convertir tus oportunidades de hablar en público en ventas exitosas de productos digitales."

"Realiza un exhaustivo análisis del éxito de las cajas de suscripción en un nicho específico para creadores digitales. Explora cómo estas cajas de suscripción pueden ofrecer una experiencia única y personalizada a los suscriptores, proporcionando productos digitales exclusivos, contenido premium o acceso a comunidades privadas. Analiza también cómo las cajas de suscripción pueden mejorar la fidelidad del cliente, generar ingresos recurrentes y ampliar la base de seguidores. Proporciona ejemplos concretos y recomendaciones sobre cómo evaluar el potencial de las cajas de suscripción en el nicho específico y aprovechar esta estrategia de monetización de manera efectiva."

"Desarrolla un completo embudo de ventas para un negocio de coaching digital en una industria específica. Explora cada etapa del embudo, desde la generación de leads hasta la conversión de clientes, y cómo adaptar las tácticas de marketing y ventas para el coaching digital. Analiza también cómo construir relaciones sólidas con los clientes potenciales, proporcionar valor agregado a lo largo del proceso y cerrar ventas de manera efectiva. Proporciona ejemplos de contenido y recomendaciones prácticas sobre cómo diseñar un embudo de ventas que maximice la adquisición de clientes y la rentabilidad en la industria específica."

"Examina el uso de herramientas de inteligencia artificial para optimizar la creación de contenido y aumentar la rentabilidad en el ámbito digital. Explora cómo la inteligencia artificial puede ayudar en la generación de ideas de contenido, la personalización de experiencias para la audiencia, la automatización de tareas repetitivas y la mejora del análisis de datos. Analiza también cómo estas herramientas pueden aumentar la eficiencia y la efectividad en la creación de contenido, lo que resulta en una mayor rentabilidad para los creadores digitales. Proporciona ejemplos prácticos y recomendaciones sobre cómo integrar herramientas de inteligencia artificial en tu estrategia para optimizar la rentabilidad."

"Describe detalladamente el proceso para llevar a cabo investigaciones de mercado y identificar ideas de productos digitales rentables para una audiencia específica. Explora técnicas para recopilar y analizar datos de mercado, comprender las necesidades y deseos de la audiencia, y evaluar la viabilidad y la demanda de las ideas de productos digitales. Analiza también cómo realizar pruebas piloto y obtener retroalimentación de la audiencia para refinar y mejorar las ideas de productos. Proporciona ejemplos de metodologías de investigación de mercado y recomendaciones prácticas sobre cómo realizar una investigación efectiva para identificar oportunidades de productos digitales rentables."

"Explora el proceso para aprovechar el blogging de invitados como estrategia para aumentar las ventas de productos digitales en un nicho específico. Examina cómo identificar oportunidades de blogging de invitados en sitios relevantes para tu audiencia objetivo, crear contenido de valor que resuene con los lectores y vincular estratégicamente a tus productos digitales dentro del contenido. Analiza también cómo establecer relaciones con editores de blogs, seguir las mejores prácticas de SEO y medir el impacto en las ventas. Proporciona ejemplos prácticos y recomendaciones sobre cómo utilizar el blogging de invitados de manera efectiva para impulsar las ventas de productos digitales en el nicho específico."

"Explora a fondo cómo pueden los creadores digitales utilizar de manera efectiva los autorespondedores de correo electrónico para aumentar los flujos de ingresos pasivos. Analiza cómo configurar secuencias de correos electrónicos automatizadas que brinden valor continuo a los suscriptores, promuevan productos digitales relevantes y fomenten la participación del público. Examina también estrategias para segmentar la lista de correo, personalizar el contenido y medir el rendimiento de las campañas de autoresponder. Proporciona ejemplos prácticos y recomendaciones sobre cómo aprovechar al máximo esta poderosa herramienta de marketing para generar ingresos pasivos de manera consistente."

"Propone estrategias efectivas para que los creadores digitales ofrezcan precios escalonados en productos a diferentes segmentos de su audiencia. Explora cómo segmentar la audiencia en función de criterios como la capacidad de pago, el nivel de compromiso o las preferencias de producto, y adaptar los precios en consecuencia para maximizar la conversión y la rentabilidad. Analiza también cómo comunicar de manera efectiva el valor de cada nivel de precio y cómo diseñar ofertas atractivas para cada segmento. Proporciona ejemplos concretos y recomendaciones prácticas sobre cómo implementar con éxito una estrategia de precios escalonados."

"Examina detalladamente la tendencia de las microtransacciones en contenido digital y cómo pueden beneficiarse los creadores en un campo específico. Explora cómo las microtransacciones, como la compra de elementos virtuales, actualizaciones de contenido o acceso premium, pueden generar ingresos adicionales para los creadores digitales. Analiza también estrategias para integrar microtransacciones de manera efectiva en la experiencia del usuario, equilibrando la monetización con la satisfacción del usuario. Proporciona ejemplos de casos de éxito y recomendaciones sobre cómo capitalizar esta tendencia emergente en el campo específico."

"Elabora una guía exhaustiva sobre el uso de la toma de decisiones basada en datos para priorizar la creación de contenido y productos en una industria específica. Explora cómo recopilar, analizar e interpretar datos relevantes para entender las necesidades y preferencias de la audiencia, identificar tendencias emergentes y tomar decisiones informadas sobre la estrategia de contenido y desarrollo de productos. Analiza también herramientas y técnicas para la visualización de datos, la segmentación de audiencia y el seguimiento del rendimiento. Proporciona ejemplos prácticos y recomendaciones sobre cómo implementar un enfoque basado en datos para optimizar la creación y monetización de contenido en la industria específica."

Audio Streaming y marketing digital

"Explora diversas estrategias para optimizar la monetización de contenido de audio en plataformas de streaming para creadores digitales. Examina cómo aprovechar las funciones de monetización ofrecidas por las plataformas de streaming, como la publicidad, las suscripciones o las donaciones de seguidores. Analiza también cómo diversificar los ingresos a través de la venta de productos complementarios, la creación de contenido exclusivo para suscriptores o la colaboración con marcas. Proporciona ejemplos de estrategias efectivas y recomendaciones prácticas sobre cómo maximizar los ingresos a través del contenido de audio en plataformas de streaming."

"Analiza detalladamente cómo los creadores digitales pueden utilizar plataformas de crowdfunding, como Kickstarter o Indiegogo, para financiar proyectos creativos y generar ingresos adicionales. Examina casos de éxito, estrategias de marketing efectivas y mejores prácticas para lanzar campañas exitosas de crowdfunding. Además, considera cómo la transparencia, la comunicación con los patrocinadores y la entrega de recompensas pueden influir en la percepción del creador y en la capacidad de recaudar fondos de manera exitosa."

"Propone una investigación exhaustiva sobre la sindicación de contenido digital y cómo esta estrategia puede permitir a los creadores expandir su alcance y aumentar sus ingresos. Explora los conceptos de sindicación de contenido, los modelos de negocio asociados y las plataformas disponibles para distribuir contenido de manera efectiva. Considera también cómo la sindicación puede generar oportunidades de monetización a través de acuerdos de licencia, patrocinios y publicidad, y cómo los creadores pueden proteger sus derechos de propiedad intelectual en este proceso."

"Explora a fondo el potencial de los programas de membresía exclusivos para aumentar los ingresos recurrentes de los creadores digitales en un nicho específico. Examina diferentes modelos de membresía, como acceso a contenido exclusivo, beneficios especiales para miembros y eventos virtuales privados. Además, analiza estrategias para la retención de miembros, la creación de comunidad y la personalización de la experiencia del usuario para maximizar la participación y la lealtad. Proporciona ejemplos de creadores que han tenido éxito con programas de membresía y recomendaciones prácticas para lanzar y gestionar este tipo de programas."

"Investiga a fondo cómo los creadores digitales pueden capitalizar eventos en vivo, como conciertos virtuales o conferencias, para generar ingresos adicionales. Explora plataformas y herramientas para la organización de eventos virtuales, estrategias de promoción y venta de entradas, y cómo ofrecer experiencias únicas y atractivas para el público. Considera también la monetización de eventos a través de patrocinios, venta de productos exclusivos y donaciones de espectadores. Proporciona consejos prácticos y ejemplos inspiradores de creadores que han aprovechado con éxito los eventos en vivo para aumentar sus ingresos."

"Examina en detalle las estrategias de monetización de contenido educativo para creadores digitales, como suscripciones, cursos en línea o membresías exclusivas. Investiga plataformas populares para la creación y distribución de contenido educativo, estrategias de marketing efectivas para atraer a estudiantes y técnicas para garantizar la calidad y el valor del contenido ofrecido. Además, considera cómo los creadores pueden diferenciarse en un mercado saturado, establecerse como expertos en su campo y mantener la relevancia a largo plazo. Proporciona ejemplos de creadores que han tenido éxito con la monetización de contenido educativo y recomendaciones prácticas para aquellos que desean seguir este camino."

"Desarrolla un plan integral para la creación de una comunidad premium en línea donde los seguidores puedan interactuar y acceder a contenido exclusivo por una tarifa de membresía. Explora estrategias para la construcción y promoción de la comunidad, la creación de contenido exclusivo y la gestión de la participación de los miembros. Considera también cómo mantener altos niveles de compromiso, fomentar la interacción entre los miembros y ofrecer un valor significativo para justificar la tarifa de membresía. Proporciona ejemplos de comunidades premium exitosas y consejos prácticos para aquellos que desean lanzar su propia comunidad en línea."

"Investiga en profundidad el impacto de las estrategias de monetización de contenido de realidad aumentada en la industria del entretenimiento digital. Examina cómo esta tecnología innovadora está siendo aprovechada por los creadores de contenido para ofrecer experiencias más inmersivas y atractivas a su audiencia. Explora casos de uso exitosos, desde aplicaciones de juegos hasta experiencias interactivas en redes sociales, y analiza cómo estas estrategias pueden generar ingresos adicionales a través de la publicidad, la venta de contenido premium y las asociaciones con marcas."

"Propón una guía detallada sobre la optimización de embudos de ventas para creadores de contenido en redes sociales. Desde la atracción inicial del tráfico hasta la conversión efectiva de seguidores en clientes, explora las mejores prácticas para cada etapa del embudo de ventas. Incluye técnicas de segmentación de audiencia, estrategias de contenido persuasivo y métodos de seguimiento y análisis para mejorar continuamente el rendimiento del embudo. Además, considera cómo adaptar estas estrategias a plataformas específicas como Instagram, TikTok y YouTube."

"Analiza cómo los creadores de contenido pueden diversificar sus fuentes de ingresos mediante la creación de mercancía personalizada. Desde la concepción y diseño de productos hasta la gestión de inventario y envío, explora los pasos necesarios para lanzar una línea de mercancía exitosa. Examina estrategias de branding y marketing para promocionar la mercancía a la audiencia existente del creador y más allá. Además, considera modelos de negocio alternativos como el dropshipping y la impresión bajo demanda para minimizar el riesgo y maximizar el retorno de la inversión."

"Desarrolla un plan estratégico para la implementación de modelos de suscripción en plataformas de streaming para creadores de videojuegos. Investiga cómo los creadores pueden ofrecer beneficios exclusivos, como acceso anticipado a contenido, artículos virtuales y membresías premium, para atraer y retener suscriptores. Examina estrategias para la fijación de precios, la promoción de suscripciones y la gestión de comunidades de suscriptores. Además, considera cómo aprovechar las plataformas de suscripción existentes, como Twitch y Patreon, o desarrollar soluciones personalizadas para satisfacer las necesidades únicas del creador."

"Explora el potencial de los webinars interactivos como herramienta de generación de leads y monetización para creadores de contenido educativo. Desde la planificación y promoción de webinars hasta la presentación y seguimiento posterior, investiga las mejores prácticas para crear experiencias educativas efectivas y atractivas. Examina estrategias para atraer a nuevos espectadores, convertirlos en clientes de pago y mantener su compromiso a largo plazo. Además, considera cómo integrar webinars en embudos de ventas más amplios y aprovechar herramientas de automatización para maximizar el impacto y la eficiencia."

"Investiga cómo los creadores de contenido pueden utilizar el marketing de influencia para aumentar sus ingresos y expandir su audiencia. Analiza diferentes enfoques para colaboraciones con influencers, desde publicaciones patrocinadas en redes sociales hasta asociaciones a largo plazo con creadores afines. Explora estrategias para identificar y seleccionar influencers adecuados, establecer objetivos claros y medir el éxito de las campañas. Además, considera cómo integrar el marketing de influencia en una estrategia de marketing más amplia y evaluar su retorno de inversión."

"Propón estrategias para maximizar los ingresos a través de la monetización de podcasts mediante patrocinios y membresías exclusivas. Investiga cómo los creadores de podcasts pueden establecer relaciones con anunciantes y crear paquetes de patrocinio atractivos para sus audiencias. Explora modelos de membresía que ofrezcan contenido exclusivo, acceso temprano a episodios y beneficios adicionales a los suscriptores. Además, considera técnicas de promoción y marketing para aumentar la visibilidad del podcast y generar ingresos sostenibles a largo plazo."

"Analiza el impacto de la personalización del contenido en la retención de usuarios y la generación de ingresos para creadores de contenido digital. Investiga cómo la personalización puede mejorar la experiencia del usuario, aumentar la lealtad y fomentar la interacción con el contenido. Explora tecnologías y herramientas para la personalización, desde algoritmos de recomendación hasta contenido dinámico, y cómo los creadores pueden implementar estrategias de personalización efectivas en sus plataformas y canales de distribución."

"Desarrolla un plan de acción para la implementación de estrategias de marketing de contenidos dirigidas a la generación de leads calificados. Investiga cómo los creadores de contenido pueden crear contenido relevante y valioso que atraiga a su audiencia objetivo y fomente la acción deseada. Explora diferentes formatos de contenido, canales de distribución y tácticas de promoción para maximizar el alcance y la efectividad de las campañas de marketing de contenido. Además, considera cómo medir y optimizar el rendimiento del contenido para mejorar continuamente los resultados."

"Explora cómo los creadores de contenido pueden aprovechar el poder del storytelling para aumentar la conexión emocional con su audiencia y mejorar la monetización. Investiga técnicas de narración efectivas, desde el desarrollo de personajes hasta la creación de conflictos y la resolución de historias, y cómo aplicarlas en diferentes tipos de contenido digital. Examina ejemplos de storytelling exitosos en diversas industrias y plataformas, y cómo los creadores pueden integrar narrativas convincentes en su contenido para mejorar el compromiso y fomentar la acción del usuario."

"Investiga las estrategias de expansión internacional para creadores de contenido digital en mercados emergentes. Examina detalladamente las diferencias culturales, económicas y regulatorias que influyen en la entrada a nuevos mercados. Analiza casos de éxito y desafíos enfrentados por creadores al adaptar su contenido a audiencias internacionales. Propón un plan estratégico que incluya investigación de mercado, localización de contenido y colaboraciones con creadores locales para maximizar el impacto y el crecimiento en nuevos territorios."

"Analiza cómo los creadores de contenido pueden utilizar la inteligencia artificial (IA) y el aprendizaje automático para personalizar la experiencia del usuario. Explora las diversas aplicaciones de la IA, desde la recomendación de contenido hasta la generación de contenido automatizado. Examina casos de uso de empresas líderes en la industria y cómo estas tecnologías están transformando la forma en que los usuarios interactúan con el contenido digital. Propón estrategias para implementar soluciones de IA de manera efectiva, considerando la ética y la privacidad de los datos."

"Propón estrategias para la creación y monetización de cursos en línea en plataformas educativas especializadas. Examina la demanda del mercado en diferentes nichos y la competencia existente en el espacio de los cursos en línea. Desarrolla un plan de acción para la creación de contenido de alta calidad que atraiga a una audiencia específica y maximice las tasas de conversión. Además, considera estrategias de marketing digital, como el SEO y la publicidad pagada, para promover los cursos y generar ingresos de manera sostenible."

"Explora el potencial de las criptomonedas y la tecnología blockchain para crear nuevos modelos de negocio y fuentes de ingresos para los creadores de contenido digital. Analiza cómo las criptomonedas pueden utilizarse para micropagos, suscripciones y monetización de contenido en línea. Examina casos de uso de blockchain en la protección de derechos de autor, la autenticación de contenido y la creación de mercados descentralizados. Propón formas innovadoras en las que los creadores pueden integrar la tecnología blockchain en sus plataformas y procesos para mejorar la transparencia y la seguridad."

"Desarrolla un plan para la colaboración entre creadores de contenido digital y marcas. Investiga cómo los creadores pueden identificar oportunidades de colaboración que beneficien tanto a la marca como al creador, alineando los valores y objetivos de ambas partes. Examina las mejores prácticas para negociar acuerdos de colaboración, establecer expectativas claras y medir el éxito de la asociación. Propón estrategias creativas para la creación de contenido conjunto y la promoción cruzada que aumenten el compromiso y la visibilidad de ambas partes."

"Investiga el impacto de las regulaciones gubernamentales y las políticas de privacidad en la monetización de datos para los creadores de contenido digital. Examina cómo las leyes de protección de datos, como el Reglamento General de Protección de Datos (GDPR) en la Unión Europea y la Ley de Privacidad del Consumidor de California (CCPA) en los Estados Unidos, afectan la recopilación, el almacenamiento y el uso de datos del usuario. Propón medidas de cumplimiento y mejores prácticas para garantizar la privacidad y seguridad de los datos del usuario, al tiempo que se maximizan las oportunidades de monetización de datos."

"Analiza las tendencias emergentes en la realidad virtual y la realidad aumentada y su potencial para crear experiencias de contenido inmersivas y generar ingresos adicionales. Examina casos de uso en industrias como el entretenimiento, la educación y el comercio electrónico, y cómo los creadores de contenido pueden aprovechar estas tecnologías para mejorar la participación del usuario y la monetización del contenido. Propón estrategias para la creación y distribución de contenido de RV y RA, así como modelos de negocio innovadores que capitalicen estas nuevas formas de interacción."

"Explora cómo los creadores de contenido pueden diversificar sus ingresos mediante la creación de cursos presenciales y talleres en vivo. Analiza la demanda del mercado y las oportunidades locales para la enseñanza en persona en diferentes áreas temáticas. Desarrolla un plan para la organización y promoción de eventos presenciales, incluyendo la selección de ubicaciones, la logística del evento y la fijación de precios de entradas. Propón estrategias para garantizar una experiencia de alta calidad y maximizar los ingresos generados por estos eventos."

"Propón estrategias para la creación de contenido evergreen que continúe generando ingresos pasivos a lo largo del tiempo. Examina los tipos de contenido evergreen más efectivos, como guías paso a paso, tutoriales y recursos útiles, y cómo estos pueden ser monetizados a través de publicidad, afiliaciones y ventas directas. Desarrolla un plan de contenido evergreen que aborde las necesidades y preocupaciones de tu audiencia objetivo a largo plazo, y cómo promover y actualizar este contenido de manera constante para mantener su relevancia y valor."

"Investiga el impacto del influencer marketing en la percepción de marca y las decisiones de compra delconsumidor, y propón estrategias para maximizar el retorno de inversión para las marcas y los creadores de contenido. Examina cómo las colaboraciones con influencers pueden mejorar el reconocimiento de marca, aumentar el compromiso del usuario y generar conversiones. Analiza las mejores prácticas para identificar y seleccionar influencers que se alineen con los valores y la audiencia de una marca, así como para medir el éxito y el impacto de las campañas de influencer marketing. Propón enfoques creativos para la colaboración que agreguen valor tanto para la marca como para el creador, y que fomenten relaciones a largo plazo y auténticas con la audiencia.

"Analiza cómo los creadores de contenido pueden utilizar la realidad aumentada (RA) para crear experiencias de compra interactivas y aumentar las conversiones en línea para productos y servicios digitales. Explora casos de uso de RA en el comercio electrónico, como la visualización de productos en 3D, pruebas virtuales de productos y experiencias de compra inmersivas. Propón estrategias para la integración de tecnologías de RA en plataformas de comercio electrónico existentes, así como para la creación de aplicaciones y experiencias de RA independientes que mejoren la experiencia de compra del usuario y impulsen las ventas."

"Propón estrategias para la creación y monetización de contenido de nicho en plataformas emergentes, como podcasts especializados, boletines por correo electrónico y comunidades en línea. Examina la demanda del mercado y las oportunidades en diferentes nichos de contenido, así como las plataformas más adecuadas para distribuir este contenido. Desarrolla un plan de acción para la creación y promoción de contenido de alta calidad que resuene con una audiencia específica y que pueda monetizarse a través de suscripciones, publicidad o membresías."

"Explora el potencial de las asociaciones con organizaciones sin fines de lucro y causas benéficas para los creadores de contenido digital. Analiza cómo las colaboraciones con organizaciones benéficas pueden aumentar la conciencia de marca, mejorar la reputación y generar un impacto positivo en la comunidad. Propón estrategias para identificar y seleccionar socios benéficos que se alineen con los valores y la audiencia de un creador, así como para crear contenido auténtico y significativo que apoye la causa y genere compromiso del usuario."

"Investiga el impacto de la inteligencia emocional en la conexión con la audiencia y la construcción de relaciones a largo plazo para los creadores de contenido digital. Examina cómo las habilidades de inteligencia emocional, como la empatía, la autenticidad y la comunicación efectiva, pueden mejorar la conexión y la resonancia del contenido con la audiencia. Propón técnicas y prácticas para desarrollar y mostrar inteligencia emocional en el contenido, incluyendo el uso de historias personales, la respuesta a comentarios y la creación de comunidades en línea que fomenten la conexión emocional."

"Explora las estrategias de monetización emergentes en el campo del entretenimiento interactivo, como los videojuegos y las experiencias de realidad virtual. Analiza cómo los creadores pueden aprovechar los modelos de suscripción, las microtransacciones y las compras en la aplicación para generar ingresos sostenibles en un mercado en constante evolución."

"Investiga el impacto del audio en la creación de contenido digital y las oportunidades de monetización asociadas con los podcasts, audiolibros y plataformas de transmisión de música. Analiza las tendencias de consumo de audio, los modelos de negocio más efectivos y las estrategias de marketing para construir una audiencia comprometida y rentable."

"Propón estrategias para la creación de contenido educativo y de formación profesional en línea. Examina cómo los creadores pueden identificar las necesidades de aprendizaje de su audiencia y desarrollar cursos, tutoriales y recursos formativos que agreguen valor y generen ingresos a través de suscripciones, ventas individuales o asociaciones con instituciones educativas."

"Analiza el papel de la ética y la responsabilidad social en la creación de contenido digital y las implicaciones para la monetización. Examina cómo los creadores pueden abordar temas sensibles y promover prácticas comerciales éticas mientras maximizan los ingresos y construyen relaciones sólidas con su audiencia."

"Explora las oportunidades de negocio en el campo de la realidad extendida (XR), que incluye la realidad virtual, la realidad aumentada y la realidad mixta. Investiga cómo los creadores pueden innovar en el desarrollo de experiencias inmersivas y cómo pueden monetizar estas tecnologías a través de la venta de contenido, la publicidad y la participación en eventos virtuales."

"Propón estrategias para la creación y monetización de contenido en plataformas emergentes de comercio social, como Instagram Shopping, Pinterest y TikTok. Examina cómo los creadores pueden aprovechar estas plataformas para promover productos y servicios de manera auténtica y generar ingresos a través de enlaces de afiliados, ventas directas y colaboraciones con marcas."

"Investiga las oportunidades de negocio en el campo de la realidad aumentada (RA) y la realidad virtual (RV) aplicadas a la industria de la salud y el bienestar. Analiza cómo los creadores pueden desarrollar aplicaciones y experiencias de salud basadas en tecnologías inmersivas, y cómo pueden monetizar estas soluciones a través de suscripciones, ventas de aplicaciones y asociaciones con profesionales de la salud."

Potencial de servicios de suscripción digital & contenido visual

"Explora el potencial de los servicios de suscripción en el ámbito del arte digital y la creación de contenido visual. Analiza cómo los creadores pueden ofrecer acceso exclusivo a obras de arte, tutoriales y contenido detrás de escena a través de modelos de suscripción mensual o anual, y cómo pueden cultivar una comunidad comprometida de seguidores y coleccionistas."

"Investiga las tendencias y oportunidades en el campo del entretenimiento en línea en vivo, como las transmisiones en directo, los conciertos virtuales y los eventos de juegos en línea. Examina cómo los creadores pueden aprovechar estas plataformas para llegar a una audiencia global, generar ingresos a través de donaciones, ventas de entradas y patrocinios, y construir una marca personal sólida en el espacio del entretenimiento digital."

"Propón estrategias para la monetización de contenido en plataformas emergentes de audio, como Clubhouse y Anchor. Investiga cómo los creadores pueden utilizar estas plataformas para compartir conocimientos, contar historias y construir una audiencia comprometida, y cómo pueden generar ingresos a través de patrocinios, donaciones y membresías exclusivas."

"Analiza las estrategias de marketing de guerrilla para startups y profesionales independientes. Examina cómo pueden utilizar tácticas creativas y de bajo costo para aumentar la visibilidad de su marca, generar interés en sus productos o servicios, y atraer a nuevos clientes de manera efectiva."

"Explora las oportunidades de negocio en el campo de la economía colaborativa y el intercambio de recursos entre empresas. Propón cómo las startups y los profesionales independientes pueden aprovechar plataformas de economía colaborativa para compartir habilidades, servicios, espacios de trabajo y equipos, y cómo pueden generar ingresos a través de estas colaboraciones."

"Investiga las estrategias de branding personal para profesionales independientes y autónomos. Examina cómo pueden construir y promover una marca personal sólida que refleje sus valores, experiencia y habilidades únicas, y cómo pueden utilizar esta marca para diferenciarse en un mercado competitivo y atraer a clientes ideales."

"Propón estrategias para la gestión eficaz del tiempo y la productividad para profesionales independientes y autónomos. Explora herramientas, técnicas y hábitos que pueden ayudarles a organizar su trabajo, establecer prioridades, cumplir con los plazos y mantener un equilibrio saludable entre el trabajo y la vida personal."

"Analiza las oportunidades de negocio en el campo de la consultoría estratégica para startups y empresas emergentes. Examina cómo los profesionales independientes pueden ofrecer servicios de consultoría en áreas como estrategia empresarial, desarrollo de productos, marketing digital y gestión de proyectos, y cómo pueden generar ingresos a través de contratos a corto y largo plazo."

"Explora las estrategias de financiamiento alternativas para startups y emprendedores, como el crowdfunding, el capital de riesgo, el capital semilla y los préstamos peer-to-peer. Propón cómo pueden aprovechar estas fuentes de financiamiento para lanzar, hacer crecer y escalar sus negocios de manera sostenible."

"Investiga las oportunidades de negocio en el campo de la economía digital y el comercio electrónico para empresas locales y regionales. Examina cómo pueden adaptarse a las tendencias de compra en línea, desarrollar estrategias de marketing digital efectivas y mejorar la experiencia del cliente en el entorno digital para aumentar las ventas y la fidelización."

"Propón estrategias para la gestión de clientes y la retención de clientes para startups y empresas emergentes. Explora cómo pueden utilizar sistemas de gestión de relaciones con los clientes (CRM), programas de fidelización, y estrategias de marketing de contenido para construir relaciones sólidas con sus clientes y maximizar el valor de por vida del cliente."

"Analiza las oportunidades de negocio en el campo de la economía circular y la sostenibilidad para startups y empresas. Examina cómo pueden adoptar prácticas comerciales sostenibles, desarrollar productos y servicios ecoamigables, y participar en iniciativas de economía circular para reducir su impacto ambiental y atraer a consumidores conscientes."

"Explora las estrategias de expansión internacional para startups y empresas en crecimiento. Propón cómo pueden identificar mercados internacionales viables, adaptar sus productos o servicios a las necesidades locales, y establecer relaciones comerciales y socios estratégicos en el extranjero para impulsar el crecimiento y la diversificación."

"Explora las estrategias de networking efectivas para startups y profesionales independientes. Examina cómo pueden aprovechar eventos de networking, conferencias, grupos de interés y plataformas en línea para establecer conexiones valiosas, colaboraciones potenciales y oportunidades de negocio."

"Analiza las tendencias emergentes en el ámbito de la inteligencia artificial y la automatización para startups y empresas. Examina cómo pueden utilizar tecnologías como el machine learning, el procesamiento del lenguaje natural y los chatbots para mejorar la eficiencia operativa, la atención al cliente y la toma de decisiones."

"Propón estrategias para la gestión de la reputación en línea para startups y profesionales independientes. Explora cómo pueden construir y mantener una reputación positiva en plataformas de revisión, redes sociales y sitios web especializados, y cómo pueden responder de manera efectiva a comentarios negativos o críticas."

"Investiga las oportunidades de negocio en el ámbito de la economía compartida y los servicios bajo demanda para empresas y autónomos. Examina cómo pueden ofrecer servicios de entrega, transporte, mantenimiento del hogar y otros servicios a través de plataformas de economía compartida, y cómo pueden maximizar sus ingresos en este modelo de negocio."

"Explora las estrategias de desarrollo de productos mínimamente viables (MVP) para startups y emprendedores. Propón cómo pueden validar rápidamente sus ideas de negocio, obtener retroalimentación de los usuarios y iterar sobre sus productos o servicios de manera ágil y eficiente."

"Analiza las oportunidades de negocio en el campo de la realidad virtual y la realidad aumentada para empresas y profesionales independientes. Examina cómo pueden utilizar tecnologías inmersivas para crear experiencias de usuario únicas, mejorar la formación y el desarrollo profesional, y diferenciarse en el mercado."

"Propón estrategias para la gestión de la innovación y la creatividad en entornos empresariales y equipos de trabajo. Explora cómo pueden fomentar un clima de innovación, promover la colaboración interdisciplinaria y facilitar la generación de ideas disruptivas en la empresa."

"Investiga las oportunidades de negocio en el campo de la economía de la salud y el bienestar para empresas y autónomos. Examina cómo pueden ofrecer servicios de bienestar corporativo, programas de salud mental, y soluciones tecnológicas para la gestión del estrés y el bienestar personal en el lugar de trabajo."

"Explora las estrategias de diversificación de ingresos para empresas y profesionales independientes. Propón cómo pueden ampliar su oferta de productos o servicios, expandirse a nuevos mercados verticales u horizontales, y desarrollar modelos de negocio complementarios para reducir la dependencia de fuentes de ingresos únicas."

"Analiza las oportunidades de negocio en el campo de la economía circular y la sostenibilidad para empresas y autónomos. Examina cómo pueden adoptar prácticas empresariales sostenibles, desarrollar productos ecoamigables, y participar en iniciativas de reciclaje y reutilización de recursos para reducir su impacto ambiental y promover la responsabilidad social corporativa."

"Explora las estrategias para mejorar la experiencia del cliente en entornos digitales para empresas y startups. Examina cómo pueden optimizar sus sitios web, aplicaciones móviles y plataformas de comercio electrónico para ofrecer una experiencia fluida, personalizada y satisfactoria a los usuarios."

"Analiza las oportunidades de negocio en el campo de la economía del conocimiento y los servicios basados en el conocimiento para profesionales independientes y autónomos. Examina cómo pueden ofrecer servicios de consultoría, formación especializada y asesoramiento técnico en áreas de alta demanda y especialización."

"Propón estrategias para la gestión efectiva del talento y el desarrollo de equipos para empresas y startups en crecimiento. Explora cómo pueden reclutar, retener y desarrollar a los mejores talentos, fomentar un ambiente de trabajo colaborativo y diverso, y potenciar el liderazgo y la creatividad en el equipo."

"Investiga las oportunidades de negocio en el campo de la economía de la longevidad y los servicios para la tercera edad. Examina cómo pueden ofrecer servicios de cuidado de la salud, asistencia domiciliaria, tecnología para la tercera edad y actividades recreativas para satisfacer las necesidades de una población envejecida."

"Explora las estrategias de marketing de contenidos para startups y profesionales independientes. Propón cómo pueden crear y distribuir contenido relevante, informativo y atractivo para su audiencia objetivo, posicionarse como líderes de pensamiento en su industria y aumentar la visibilidad y la credibilidad de su marca."

"Analiza las oportunidades de negocio en el campo de la economía del ocio y el entretenimiento para empresas y autónomos. Examina cómo pueden ofrecer experiencias de entretenimiento, turismo y ocio innovadoras y personalizadas, aprovechando las nuevas tecnologías y las tendencias emergentes en el sector."

"Propón estrategias para la gestión eficiente de la cadena de suministro y la logística para empresas y startups que operan en entornos globales. Explora cómo pueden optimizar el transporte, el almacenamiento y la distribución de productos, reducir los costos operativos y mejorar la satisfacción del cliente."

"Investiga las oportunidades de negocio en el campo de la economía del bienestar y el autocuidado para empresas y autónomos. Examina cómo pueden ofrecer productos y servicios relacionados con el bienestar mental, emocional y físico, como aplicaciones de meditación, productos naturales y servicios de coaching personal."

"Explora las estrategias de branding y posicionamiento de marca para startups y profesionales independientes. Propón cómo pueden desarrollar una identidad de marca sólida, diferenciarse de la competencia, y conectar emocionalmente con su audiencia objetivo a través de mensajes claros y coherentes."

"Analiza las oportunidades de negocio en el campo de la economía creativa y las industrias culturales para empresas y autónomos. Examina cómo pueden ofrecer servicios de diseño, arte, música, cine, moda y gastronomía, aprovechando la creatividad y la innovación para generar valor y atraer a clientes."

"Explora las estrategias para la gestión eficaz del flujo de efectivo en startups y empresas en crecimiento. Analiza cómo pueden optimizar la gestión de ingresos y gastos, reducir la deuda, mejorar la previsión financiera y garantizar la liquidez necesaria para operar y expandirse."

"Investiga las oportunidades de negocio en el campo de la economía colaborativa y el intercambio de recursos para profesionales independientes y empresas. Examina cómo pueden aprovechar plataformas de coworking, redes de intercambio de servicios y economías de compartición para reducir costos y mejorar la eficiencia."

"Propón estrategias para la gestión de proyectos ágiles y la implementación de metodologías como Scrum y Kanban en startups y equipos de trabajo. Explora cómo pueden mejorar la colaboración, la comunicación y la entrega de resultados mediante ciclos de trabajo iterativos y adaptativos."

"Analiza las oportunidades de negocio en el campo de la economía circular y la sostenibilidad para empresas y autónomos. Examina cómo pueden adoptar prácticas empresariales sostenibles, desarrollar productos ecoamigables y participar en iniciativas de reciclaje y reutilización de recursos para reducir su impacto ambiental."

"Explora las estrategias para la diversificación geográfica y la expansión internacional de startups y empresas. Propón cómo pueden identificar nuevos mercados, adaptar sus productos o servicios a las necesidades locales y superar barreras culturales y regulatorias para tener éxito en el ámbito global."

"Investiga las oportunidades de negocio en el campo de la economía de la salud digital y la telemedicina para empresas y profesionales independientes. Examina cómo pueden ofrecer servicios de teleconsulta, monitoreo de salud remoto y aplicaciones de salud móvil para mejorar el acceso y la calidad de la atención médica."

"Propón estrategias para la gestión efectiva de la cadena de suministro y la logística en entornos disruptivos y cambiantes para startups y empresas. Explora cómo pueden adaptarse a cambios en la demanda, interrupciones en la cadena de suministro y nuevos modelos de entrega para mantener la eficiencia operativa."

"Analiza las oportunidades de negocio en el campo de la economía de la experiencia y el entretenimiento para empresas y autónomos. Examina cómo pueden ofrecer experiencias inmersivas, eventos en vivo, y contenido multimedia interactivo para atraer y retener a su audiencia."

"Explora las estrategias para la gestión del cambio y la transformación digital en empresas tradicionales y startups. Propón cómo pueden liderar procesos de cambio cultural, capacitar a los empleados en nuevas habilidades digitales y adoptar tecnologías emergentes para mantenerse competitivos en un entorno digital."

"Investiga las oportunidades de negocio en el campo de la economía de la experiencia del cliente para empresas y autónomos. Examina cómo pueden ofrecer un servicio al cliente excepcional, personalizado y omnicanal para mejorar la lealtad del cliente, aumentar las recomendaciones y diferenciarse en el mercado."

"Explora estrategias para la gestión eficiente del tiempo y la productividad para profesionales independientes y equipos de trabajo en empresas. Analiza cómo pueden implementar técnicas de gestión del tiempo, establecer prioridades claras y optimizar los procesos de trabajo para lograr resultados óptimos."

"Investiga las oportunidades de negocio en el campo de la economía del conocimiento y la consultoría estratégica para empresas y autónomos. Examina cómo pueden ofrecer servicios de consultoría en áreas como estrategia empresarial, desarrollo organizacional y análisis de datos para satisfacer las necesidades del mercado."

"Propón estrategias para la gestión efectiva de la reputación online y la construcción de una marca personal sólida para profesionales independientes. Explora cómo pueden utilizar redes sociales, blogs y plataformas de contenido para establecer su autoridad en su campo y atraer nuevos clientes."

"Analiza las oportunidades de negocio en el campo de la economía de la experiencia del empleado para empresas y startups. Examina cómo pueden crear entornos de trabajo inclusivos, ofrecer programas de desarrollo profesional y promover una cultura organizacional que fomente la innovación y la colaboración."

"Explora estrategias para la gestión de la innovación y la creatividad en empresas y equipos de trabajo. Propón cómo pueden fomentar un ambiente que impulse la generación de nuevas ideas, promover la experimentación y la colaboración interdisciplinaria, y llevar productos y servicios innovadores al mercado."

"Investiga las oportunidades de negocio en el campo de la economía del aprendizaje y la formación online para empresas y profesionales independientes. Examina cómo pueden desarrollar cursos y programas de formación online, ofrecer servicios de coaching y mentoría, y aprovechar plataformas de aprendizaje digital para llegar a una audiencia global."

"Propón estrategias para la gestión de la diversidad y la inclusión en empresas y startups. Explora cómo pueden crear entornos de trabajo que valoren la diversidad de género, cultura, edad y habilidades, promover la equidad y la inclusión en todas las áreas de la organización, y aprovechar la diversidad como motor de la innovación y el crecimiento."

"Analiza las oportunidades de negocio en el campo de la economía de la experiencia del usuario para empresas y autónomos. Examina cómo pueden diseñar productos y servicios centrados en el usuario, realizar pruebas de usabilidad y mejorar continuamente la experiencia del usuario para aumentar la satisfacción del cliente y la lealtad a la marca."

"Explora estrategias para la gestión de riesgos y la resiliencia empresarial en startups y empresas en crecimiento. Propón cómo pueden identificar y mitigar riesgos potenciales, desarrollar planes de contingencia y adaptarse rápidamente a cambios en el entorno empresarial para garantizar su supervivencia y éxito a largo plazo."

"Investiga las oportunidades de negocio en el campo de la economía de la salud y el bienestar en el lugar de trabajo para empresas y autónomos. Examina cómo pueden ofrecer programas de bienestar, actividades de mindfulness y servicios de apoyo emocional para promover la salud y el bienestar de los empleados y mejorar el rendimiento y la satisfacción laboral."

"Explora estrategias para la creación de una marca personal sólida como creador digital. Propón cómo pueden definir su voz y estilo únicos, desarrollar una identidad visual coherente y promover su marca en diversas plataformas."

"Investiga las oportunidades de negocio en el campo de la economía de los eventos virtuales y seminarios web para creadores digitales. Examina cómo pueden organizar y monetizar conferencias en línea, talleres virtuales y eventos de networking digital."

"Propón estrategias para la creación y distribución efectiva de contenido multimedia para creadores digitales. Explora cómo pueden utilizar diferentes formatos como videos, podcasts, infografías y contenido interactivo para llegar a su audiencia de manera más efectiva."

"Analiza las oportunidades de negocio en el campo de la economía de los servicios de consultoría para creadores digitales. Examina cómo pueden ofrecer servicios de asesoramiento en áreas como marketing digital, estrategia de contenido y monetización en línea."

"Explora estrategias para la gestión de comunidades en línea como creador digital. Propón cómo pueden construir y mantener comunidades comprometidas en plataformas como redes sociales, foros y grupos de membresía para impulsar la interacción y lealtad de los seguidores."

"Investiga las oportunidades de negocio en el campo de la economía de la educación en línea para creadores digitales. Examina cómo pueden desarrollar y vender cursos en línea, tutoriales y recursos educativos para compartir su experiencia y generar ingresos adicionales."

SEO ESTRATEGICO, MONETIZACIÓN & NICHOS RENTABLES

"Propón estrategias para la colaboración y co-creación con otros creadores digitales. Explora cómo pueden establecer asociaciones estratégicas, participar en proyectos colaborativos y crear contenido conjunto para ampliar su alcance y audiencia."

"Analiza las oportunidades de negocio en el campo de la economía de los servicios de diseño y producción para creadores digitales. Examina cómo pueden ofrecer servicios de diseño gráfico, edición de video, producción de música u otros servicios creativos para clientes y colegas."

"Explora estrategias para la monetización de contenido a través de membresías y suscripciones para creadores digitales. Propón cómo pueden ofrecer contenido exclusivo, acceso anticipado y beneficios especiales a sus seguidores a cambio de una suscripción mensual o anual."

"Investiga las oportunidades de negocio en el campo de la economía de los productos digitales y mercancía para creadores digitales. Examina cómo pueden desarrollar y vender productos digitales como libros electrónicos, plantillas, recursos descargables y mercancía física como camisetas, pósteres y productos personalizados."

"Analiza las oportunidades de negocio en el campo de la economía de la narración transmedia para creadores digitales. Examina cómo pueden expandir su historia a través de múltiples plataformas y medios, como videojuegos, cómics, podcasts y redes sociales, para involucrar a su audiencia en una experiencia más inmersiva."

"Propón estrategias para la monetización de contenido a través de la creación de cursos de formación y tutoriales especializados para creadores digitales. Explora cómo pueden compartir su conocimiento y experiencia en áreas específicas como diseño gráfico, programación, marketing digital o habilidades creativas para generar ingresos adicionales."

"Investiga las oportunidades de negocio en el campo de la economía de la gamificación para creadores digitales. Examina cómo pueden incorporar elementos de juego en su contenido, como desafíos, recompensas y competiciones, para aumentar la participación y el compromiso de su audiencia."

"Explora estrategias para la gestión de la propiedad intelectual y la protección de derechos de autor para creadores digitales. Propón cómo pueden registrar y proteger legalmente su contenido creativo, así como gestionar licencias y acuerdos de distribución para garantizar la protección y rentabilidad de su trabajo."

"Analiza las oportunidades de negocio en el campo de la economía de la realidad aumentada (RA) y la realidad virtual (RV) para creadores digitales. Examina cómo pueden crear experiencias inmersivas y contenido interactivo utilizando tecnologías de RA y RV para ofrecer nuevas formas de entretenimiento y experiencias únicas a su audiencia."

"Propón estrategias para la diversificación de ingresos a través de la creación y venta de productos de marca blanca para creadores digitales. Explora cómo pueden desarrollar productos digitales genéricos, como plantillas, diseños gráficos o música, que pueden ser personalizados y vendidos a otros creadores o empresas bajo su propia marca."

"Investiga las oportunidades de negocio en el campo de la economía de los servicios de coaching y mentoría para creadores digitales. Examina cómo pueden ofrecer servicios de asesoramiento y apoyo personalizado en áreas como desarrollo profesional, crecimiento de la marca, estrategia de contenido y gestión de negocios para ayudar a otros creadores a alcanzar sus objetivos."

"Explora estrategias para la creación y gestión de programas de afiliados para creadores digitales. Propón cómo pueden establecer relaciones con afiliados y colaboradores para promocionar sus productos y servicios a cambio de comisiones, ampliando así su alcance y generando ingresos pasivos."

"Analiza las oportunidades de negocio en el campo de la economía de la inteligencia artificial (IA) y el aprendizaje automático para creadores digitales. Examina cómo pueden utilizar herramientas y algoritmos de IA para automatizar procesos, personalizar contenido, analizar datos y mejorar la eficiencia en la creación y distribución de su contenido."

"Propón estrategias para la creación y monetización de contenido en plataformas emergentes y nichos de mercado para creadores digitales. Explora cómo pueden identificar y aprovechar nuevas oportunidades en plataformas menos saturadas o dirigidas a audiencias específicas para destacar y crecer en su industria."

"Analiza las estrategias de colaboración con marcas y empresas para creadores digitales. Explora cómo pueden establecer relaciones de colaboración y patrocinio con empresas relevantes en su industria para promocionar sus productos o servicios y llegar a nuevas audiencias."

"Propón estrategias para la gestión eficiente del tiempo y la productividad para creadores digitales. Explora métodos de planificación y organización del trabajo que les permitan maximizar su rendimiento y cumplir con sus plazos de entrega de manera efectiva."

"Investiga las oportunidades de negocio en el campo de la economía de los eventos en vivo y experiencias presenciales para creadores digitales. Examina cómo pueden organizar y monetizar eventos como talleres, conferencias o meetups para interactuar directamente con su audiencia y generar ingresos adicionales."

"Explora estrategias para la creación de contenido evergreen y la generación de ingresos pasivos para creadores digitales. Propón cómo pueden desarrollar contenido atemporal y de alta calidad que continúe generando ingresos a lo largo del tiempo, incluso sin necesidad de actualizaciones frecuentes."

"Analiza las oportunidades de negocio en el campo de la economía de los servicios de edición y postproducción para creadores digitales. Examina cómo pueden ofrecer servicios de edición de video, diseño de sonido, corrección de color u otros servicios de postproducción para mejorar la calidad y el atractivo de su contenido."

"Propón estrategias para la internacionalización y expansión global para creadores digitales. Explora cómo pueden adaptar su contenido y estrategias de marketing para llegar a audiencias internacionales y aprovechar oportunidades en mercados extranjeros."

"Investiga las oportunidades de negocio en el campo de la economía de los servicios de gestión de redes sociales para creadores digitales. Examina cómo pueden externalizar la gestión y el crecimiento de sus perfiles en redes sociales para aumentar su visibilidad y compromiso con la audiencia."

"Explora estrategias para la creación y monetización de contenido educativo para creadores digitales. Propón cómo pueden compartir su conocimiento y experiencia a través de cursos en línea, tutoriales, webinars y otros recursos educativos para generar ingresos y establecerse como líderes en su industria."

"Analiza las oportunidades de negocio en el campo de la economía de los servicios de producción de eventos virtuales para creadores digitales. Examina cómo pueden ofrecer servicios de producción, tecnología y soporte para eventos en línea, ayudando a otros creadores y empresas a organizar y ejecutar eventos virtuales exitosos."

"Propón estrategias para la creación y gestión de programas de membresía y suscripción para creadores digitales. Explora cómo pueden ofrecer contenido exclusivo, beneficios y acceso privilegiado a su audiencia a cambio de una suscripción mensual o anual, generando ingresos recurrentes y fidelizando a su base de seguidores."

"Explora estrategias para la optimización del SEO técnico en el contenido digital. Propón cómo pueden mejorar la estructura de su sitio web, la velocidad de carga, la indexación y otros aspectos técnicos para mejorar su visibilidad en los motores de búsqueda."

"Analiza las oportunidades de negocio en el campo de la economía de la accesibilidad digital para creadores digitales. Examina cómo pueden diseñar y adaptar su contenido para hacerlo accesible a personas con discapacidades, cumpliendo con estándares de accesibilidad y llegando a una audiencia más amplia."

"Propón estrategias para la creación de contenido interactivo y experiencial para creadores digitales. Explora cómo pueden utilizar tecnologías como realidad aumentada, realidad virtual, narrativas no lineales o elementos interactivos para ofrecer experiencias más inmersivas y atractivas a su audiencia."

"Investiga las oportunidades de negocio en el campo de la economía de los servicios de consultoría de marca personal para creadores digitales. Examina cómo pueden ayudar a otros creadores a desarrollar su marca personal, establecer su presencia en línea y alcanzar sus objetivos profesionales."

"Explora estrategias para la creación y distribución de contenido en formatos emergentes como podcasts, newsletters, salas de audio en vivo y otros medios de comunicación digital. Propón cómo pueden diversificar su contenido y llegar a audiencias específicas a través de diferentes canales y plataformas."

"Analiza las oportunidades de negocio en el campo de la economía de los servicios de producción de contenido digital para empresas. Examina cómo pueden ofrecer servicios de producción de video, fotografía, diseño gráfico u otros tipos de contenido para empresas que buscan mejorar su presencia en línea."

"Propón estrategias para la monetización de comunidades en línea para creadores digitales. Explora cómo pueden crear y gestionar comunidades en línea, como grupos de Facebook, foros o plataformas de membresía, y generar ingresos a través de membresías, donaciones o contenido exclusivo."

"Investiga las oportunidades de negocio en el campo de la economía de los servicios de gestión de reputación en línea para creadores digitales. Examina cómo pueden ayudar a otros creadores a gestionar su reputación en línea, manejar críticas y comentarios, y construir una imagen positiva en la web."

"Explora estrategias para la colaboración con otros creadores digitales en proyectos y campañas conjuntas. Propón cómo pueden aprovechar las sinergias y complementariedades entre diferentes creadores para alcanzar objetivos comunes y llegar a nuevas audiencias."

"Diseña una campaña de realidad aumentada que transforme el contenido digital estático en una experiencia inmersiva para los espectadores. Explora cómo pueden utilizar la tecnología AR para llevar su contenido a un nuevo nivel y cautivar a su audiencia de manera única."

"Crea una estrategia de marketing de guerrilla digital que rompa los límites convencionales y genere un impacto memorable en línea. Propón ideas creativas y disruptivas que capturen la atención de la audiencia y les hagan participar activamente en la promoción del contenido digital."

"Desarrolla un concepto innovador de contenido digital interactivo que permita a los espectadores influir en la narrativa o el desarrollo de la historia. Explora cómo pueden integrar elementos de gamificación y toma de decisiones para ofrecer una experiencia única y personalizada a su audiencia."

"Imagina una colaboración estratégica con una marca influyente que impulse su visibilidad y credibilidad en línea. Propón una asociación creativa que se alinee con los valores y la identidad de su marca, y que les permita llegar a una audiencia más amplia a través de canales de marketing innovadores."

"Crea una serie de eventos virtuales exclusivos que ofrezcan a los espectadores acceso privilegiado al proceso creativo y a los bastidores de su trabajo. Explora cómo pueden utilizar plataformas de streaming en vivo y herramientas de participación para involucrar a la audiencia y construir una comunidad en línea activa y comprometida."

"Diseña un programa de recompensas digital que incentive la participación y la lealtad de la audiencia. Propón un sistema de puntos, bonificaciones y beneficios exclusivos que motive a los seguidores a interactuar con el contenido, compartirlo en redes sociales y contribuir al crecimiento de la comunidad."

"Explora el potencial de la realidad virtual como medio para crear experiencias inmersivas y envolventes que transporten a la audiencia a mundos virtuales únicos. Imagina cómo pueden utilizar la VR para contar historias de manera innovadora y ofrecer experiencias interactivas que cautiven los sentidos y la imaginación de los espectadores."

"Desarrolla una estrategia de contenido basada en la narrativa transmedia que conecte diferentes plataformas y medios para contar una historia cohesiva y envolvente. Explora cómo pueden utilizar elementos de storytelling en múltiples formatos, como videos, podcasts, blogs y redes sociales, para crear una experiencia inmersiva y participativa para la audiencia."

"Propón una estrategia de lanzamiento de producto digital que genere anticipación y expectativa en la audiencia. Imagina cómo pueden utilizar el marketing de teaser, las campañas de misterio y las pistas en línea para crear un zumbido en torno a su próximo lanzamiento y maximizar el interés y la participación de la audiencia."

"Crea una serie de contenido digital colaborativo que reúna a creadores de diferentes disciplinas para explorar temas relevantes y provocativos. Propón una serie de colaboraciones creativas que fomenten la diversidad de perspectivas y el intercambio de ideas, y que inspiren a la audiencia a participar en conversaciones significativas y transformadoras."

"Diseña una campaña de realidad aumentada que transforme el entorno físico de los usuarios en un lienzo digital interactivo. Explora cómo pueden utilizar tecnologías como ARKit o ARCore para crear experiencias inmersivas que fusionen el mundo real y el digital, invitando a la audiencia a explorar y participar activamente en su contenido."

"Crea una serie de videos cortos en formato de microhistorias que utilicen técnicas de narrativa visual y edición innovadora para contar historias impactantes en segundos. Imagina cómo pueden aprovechar el poder de la edición rápida, los efectos visuales y el sonido envolvente para capturar la atención de la audiencia en un instante y dejar una impresión duradera."

"Desarrolla una experiencia de juego digital que integre elementos de narrativa, exploración y resolución de acertijos para sumergir a la audiencia en un mundo interactivo único. Explora cómo pueden utilizar plataformas de desarrollo de juegos como Unity o Unreal Engine para crear experiencias envolventes que desafíen la mente y estimulen la imaginación."

"Imagina una campaña de marketing viral que utilice técnicas de ingeniería social y psicología del comportamiento para impulsar el interés y la participación de la audiencia. Propón un enfoque creativo que aproveche los principios de la viralidad y el boca a boca para amplificar el alcance y la influencia de su contenido digital."

"Crea una experiencia de realidad virtual colaborativa que permita a la audiencia explorar y co-crear mundos virtuales compartidos en tiempo real. Explora cómo pueden utilizar plataformas de VR social como VRChat o Rec Room para organizar eventos interactivos, conciertos virtuales o sesiones de trabajo colaborativas que rompan las barreras físicas y conecten a personas de todo el mundo."

"Diseña un proyecto de arte digital interactivo que combine elementos de visualización de datos, arte generativo y participación del usuario para crear experiencias visuales únicas y personalizadas. Imagina cómo pueden utilizar herramientas como Processing, p5.js o Three.js para crear obras de arte digitales que respondan al movimiento, el sonido o la interacción del espectador."

"Desarrolla una serie de contenido educativo digital que utilice la gamificación y la narrativa inmersiva para hacer que el aprendizaje sea divertido y emocionante. Propón un enfoque creativo que transforme conceptos complejos en experiencias interactivas y emocionantes que inspiren a la audiencia a explorar y descubrir nuevos conocimientos."

"Imagina una colaboración transmedia entre creadores de diferentes disciplinas, como música, arte visual, narrativa y tecnología, para crear una experiencia multimedia inmersiva que combine elementos de concierto, exposición de arte y narración de historias. Explora cómo pueden fusionar sus talentos y habilidades para crear una experiencia única y transformadora que trascienda los límites de los medios tradicionales."

"Crea una serie de contenido digital en formato de documental interactivo que invite a la audiencia a explorar y descubrir historias inspiradoras y perspectivas únicas de personas de todo el mundo. Imagina cómo pueden utilizar técnicas de narración inmersiva, realidad virtual y multimedia para transportar a la audiencia a lugares remotos y sumergirlos en culturas y experiencias desconocidas."

"Diseña una campaña de marketing de influencia que colabore con creadores digitales influyentes en diferentes plataformas para amplificar el alcance y la visibilidad de su contenido. Propón una estrategia creativa que combine la autenticidad y el poder de la narrativa personal con la distribución estratégica y la promoción colaborativa para alcanzar y comprometer a nuevas audiencias de manera efectiva."

"Crea una serie de contenido digital que transporte a la audiencia a mundos ficticios donde puedan participar en aventuras épicas y tomar decisiones que afecten el curso de la historia. Utiliza técnicas de narrativa interactiva y gamificación para involucrar a la audiencia y permitirles ser protagonistas de su propia experiencia digital."

"Imagina una colaboración entre creadores digitales y artistas de efectos visuales para crear una experiencia de realidad aumentada que transforme los espacios urbanos en escenarios fantásticos llenos de criaturas mágicas y paisajes surreales. Utiliza tecnologías emergentes como la realidad aumentada basada en la ubicación para llevar la magia a la vida real."

"Diseña una campaña de crowdfunding que no solo financie un proyecto creativo, sino que también involucre a la audiencia en el proceso creativo. Propón recompensas exclusivas que permitan a los patrocinadores contribuir con ideas, personajes o elementos de diseño, convirtiéndolos en co-creadores del proyecto."

"Crea una experiencia de transmedia que se extienda a través de múltiples plataformas digitales, incluyendo redes sociales, blogs, podcasts y realidad virtual. Desarrolla una narrativa compleja y envolvente que se entrelace a través de diferentes medios, invitando a la audiencia a sumergirse en un universo cohesivo y en constante evolución."

"Imagina una serie de contenido digital que explore conceptos científicos y teorías futuristas a través de la lente de la ciencia ficción. Utiliza animaciones 3D, modelos interactivos y narrativa inmersiva para llevar a la audiencia en un viaje de exploración a través del espacio, el tiempo y las posibilidades infinitas del universo."

"Diseña una experiencia de escape room virtual que desafíe a la audiencia a resolver acertijos complejos y descubrir secretos ocultos en un mundo digitalmente recreado. Utiliza la realidad virtual y la realidad aumentada para crear entornos interactivos que respondan a las acciones de los jugadores y los sumerjan en una experiencia de juego completamente inmersiva."

"Crea una serie de contenido digital que combine elementos de documental y realidad virtual para llevar a la audiencia a lugares remotos y desconocidos del mundo. Utiliza tecnología de captura de imágenes en 360 grados para permitir a la audiencia explorar entornos naturales y culturales únicos, y sumérgete en historias inspiradoras de personas y comunidades de todo el mundo."

"Imagina una experiencia de concierto virtual en la que los espectadores puedan interactuar con los artistas y entre ellos en tiempo real. Utiliza tecnologías de transmisión en vivo, realidad virtual y realidad aumentada para crear un escenario digitalmente recreado donde la música cobra vida y la audiencia puede experimentarla como si estuviera allí en persona."

"Diseña una plataforma digital que conecte a creadores de contenido con marcas y patrocinadores de una manera innovadora y colaborativa. Utiliza algoritmos de emparejamiento inteligente y herramientas de análisis de datos para identificar oportunidades de colaboración que beneficien tanto a los creadores como a las marcas, creando asociaciones auténticas y mutuamente beneficiosas."

"Crea una serie de contenido digital que explore los límites de la realidad y la percepción humana a través de experiencias inmersivas y psicodélicas. Utiliza técnicas de arte generativo, música experimental y narrativa abstracta para llevar a la audiencia en un viaje surrealista a través de la mente y el universo."

Prompts PROFUNDOS para el máximo rendimiento en copywriting y ventas

Bienvenido/a a "+400 Prompts Profesionales sobre Copywriting y Ventas". Este libro es una herramienta invaluable diseñada para impulsar tu creatividad, mejorar tus habilidades de escritura persuasiva y potenciar tus estrategias de ventas.

En el mundo del marketing y la publicidad, el arte de escribir un buen copy es fundamental para captar la atención del público, transmitir mensajes convincentes y, en última instancia, impulsar las conversiones. Ya sea que estés redactando un anuncio, un correo electrónico de marketing o el contenido de un sitio web, cada palabra cuenta.

Este libro está lleno de más de 400 prompts cuidadosamente seleccionados para inspirarte, desafiarte y ayudarte a desarrollar tu habilidad en el arte del copywriting y las ventas. Estos prompts han sido diseñados pensando en diversas situaciones y plataformas, desde las redes sociales hasta los anuncios impresos, y abarcan una amplia gama de industrias y nichos.

Ya seas un principiante que busca perfeccionar sus habilidades de escritura o un profesional experimentado en busca de nuevas ideas y enfoques, encontrarás esta guía invaluable. Úsalo como una fuente de inspiración diaria, un desafío creativo o una guía práctica para tus proyectos de copywriting y ventas.

Prepárate para sumergirte en un viaje de descubrimiento, creatividad y crecimiento profesional mientras exploras estos más de 400 prompts profesionales sobre copywriting y ventas. Tu próxima gran idea podría estar a solo unas páginas de distancia. ¡Comencemos!

Recuerda que es muy importante que copies y pegues cada Prompt en ChatGPT(a poder ser ChatGPT Plus, ya que dará mejores respuestas) y es muy importante que personalices un poco cada Prompts con tu situacion especifica , ya que los detalles son muy importantes para poder tener un resultado optimo

Te recomiendo que des datos sobre tu producto o servicio, precio, características, mercado al que te diriges, público objetivo, Estructura de tu empresa, cantidad de Empleados y todos los detalles que puedas pensar que son relevantes.

Una vez hemos explicado las cosas mas importantes, aqui tienes los Prompts para que puedas multiplicar x1000 tus ventas y tu copy.

Explora exhaustivamente las diferencias fundamentales entre el copywriting de respuesta directa y el copywriting de marca. Enfatiza que el copywriting de respuesta directa se centra principalmente en la persuasión directa para impulsar a la audiencia a realizar una acción específica, como comprar un producto o suscribirse a un servicio, mientras que el copywriting de marca se enfoca en construir y fortalecer la percepción y la identidad de la marca a largo plazo. Aborda cómo difieren en términos de objetivos, enfoque estratégico, tono de voz y llamadas a la acción utilizadas en cada tipo de copywriting.

Proporciona una amplia gama de estrategias y tácticas para aplicar los principios de escasez y urgencia en el copywriting con el fin de aumentar las conversiones. Incluye ejemplos específicos de cómo crear una sensación de urgencia y escasez en el texto, como el uso de ofertas por tiempo limitado, la disponibilidad limitada de productos o servicios, y la incorporación de palabras y frases que generen una sensación de necesidad inmediata en el lector.

Ofrece una guía detallada sobre cómo emplear eficazmente el método problema-agitación-solución en el copywriting para crear un contenido convincente y persuasivo. Describe paso a paso cómo identificar el problema o la necesidad del cliente, agitar sus emociones resaltando las consecuencias negativas de no resolver ese problema, y presentar la solución ofrecida por el producto o servicio de manera clara y convincente.

Profundiza en la distinción entre características y beneficios en el copywriting, proporcionando ejemplos concretos y detallados para ilustrar cómo convertir características en beneficios. Destaca la importancia de resaltar los beneficios para el cliente, es decir, cómo el producto o servicio puede satisfacer una necesidad, resolver un problema o mejorar la vida del cliente, en lugar de simplemente enumerar sus características.

Enumera una variedad de errores comunes que se deben evitar en el copywriting, junto con explicaciones sobre por qué son problemáticos y cómo corregirlos. Incluye errores como la falta de claridad en el mensaje, el exceso de jerga o tecnicismos, la falta de enfoque en el cliente y la ausencia de una llamada a la acción clara y persuasiva.

Proporciona una lista exhaustiva de palabras poderosas y emocionalmente persuasivas que pueden ser incorporadas en el copywriting para mejorar las conversiones. Explica cómo estas palabras pueden influir en las emociones y acciones del lector, y ofrece sugerencias sobre cómo seleccionar las palabras adecuadas para transmitir el mensaje deseado de manera efectiva.

Describe en detalle las diferencias entre el copywriting de formato largo y el de formato corto, y ofrece ejemplos específicos de cómo cada formato puede ser utilizado en diferentes escenarios de marketing. Explora cómo el copywriting de formato largo permite una narrativa más profunda y persuasiva, mientras que el de formato corto es más conciso y directo, y proporciona pautas sobre cuándo utilizar cada formato para maximizar el impacto en la audiencia.

Ofrece una amplia gama de estrategias y técnicas para utilizar testimonios de clientes de manera efectiva en el copywriting con el fin de establecer confianza y credibilidad con la audiencia objetivo. Incluye consejos sobre cómo seleccionar testimonios auténticos y relevantes, cómo presentarlos de manera convincente y cómo integrarlos de forma natural en el mensaje general del copywriting.

Compara y contrasta exhaustivamente el copywriting para la web y para medios impresos, destacando las diferencias clave en tono, formato, longitud y estrategia de contenido. Explora cómo el copywriting para la web se centra en la escaneabilidad, la optimización para motores de búsqueda y la interactividad, mientras que el copywriting para medios impresos se caracteriza por su formato más estático y su enfoque en la narrativa visual.

Explica en detalle cómo integrar la narración de historias en el copywriting para mejorar las tasas de conversión. Proporciona ejemplos concretos de cómo estructurar y contar historias de manera convincente para conectar emocionalmente con la audiencia, y ofrece consejos sobre cómo seleccionar historias relevantes y auténticas que resuenen con los valores y la identidad de la marca.

Proporciona una guía detallada sobre cómo emplear el método antes-después-puente en el copywriting para generar un contenido persuasivo y convincente. Explora paso a paso cómo identificar el estado actual del cliente (antes), visualizar el resultado deseado (después) y presentar la solución ofrecida por el producto o servicio como el puente que conecta ambos estados de manera efectiva.

Compara y contrasta exhaustivamente el copywriting dirigido a audiencias B2C y B2B, destacando las diferencias clave en tono, enfoque, mensajes y canales de comunicación utilizados para cada tipo de audiencia. Explora cómo el copywriting B2C tiende a ser más emocional y orientado al consumidor final, mientras que el B2B se enfoca en soluciones pragmáticas y beneficios tangibles para empresas y profesionales.

Describe en detalle cómo puede utilizarse el método de la pirámide invertida en el copywriting para crear un contenido efectivo y persuasivo. Explica cómo empezar con la información más relevante y atractiva en la parte superior del mensaje, seguida de detalles adicionales en orden descendente de importancia, para captar la atención del lector de manera inmediata y mantener su interés a lo largo del texto.

Ofrece una amplia gama de estrategias y técnicas para emplear apelaciones emocionales en el copywriting con el fin de formar una conexión profunda y duradera con la audiencia objetivo. Incluye ejemplos específicos de cómo utilizar emociones como la felicidad, la tristeza, el miedo o la esperanza para resonar con las experiencias y los valores de la audiencia, y proporciona consejos sobre cómo integrar estas emociones de manera auténtica y efectiva en el mensaje.

Explora cómo aprovechar la especificidad en el copywriting para crear un contenido altamente persuasivo y de alta conversión. Destaca la importancia de ser concreto y detallado al describir las características, beneficios y resultados esperados del producto o servicio, y ofrece ejemplos específicos de cómo utilizar números, datos y testimonios para respaldar afirmaciones y generar confianza en la audiencia.

Describe en detalle cómo puede utilizarse el lenguaje sensorial en el copywriting para crear una conexión emocional profunda con la audiencia objetivo. Explora cómo utilizar palabras y frases que estimulen los sentidos del lector, como el tacto, el olfato, el gusto, el oído y la vista, para evocar emociones vívidas y experiencias sensoriales que refuercen el mensaje y aumenten la resonancia con la audiencia.

Explica qué es el modelo AIDA en el copywriting (Atención, Interés, Deseo, Acción) y cómo puede utilizarse para crear un contenido efectivo y persuasivo. Proporciona ejemplos concretos de cómo captar la atención del lector, despertar su interés, estimular el deseo de poseer el producto o servicio y motivarlo a tomar una acción específica, como realizar una compra o suscribirse a una lista de correo.

Enumera y describe algunas técnicas menos conocidas de copywriting que pueden utilizarse para aumentar las conversiones y la participación de la audiencia. Incluye estrategias como el "copywriting conversacional", la utilización de "preguntas retóricas", la "voz pasiva persuasiva" y el "copywriting basado en la ciencia del comportamiento", y proporciona ejemplos de cómo aplicar estas técnicas de manera efectiva en el texto.

Explora cómo puede emplearse el humor en el copywriting para formar una conexión auténtica y emocional con la audiencia objetivo. Ofrece ejemplos de cómo utilizar el humor de manera inteligente y apropiada para aliviar la tensión, crear una impresión memorable y aumentar la afinidad con la marca o el producto.

Proporciona un ejemplo detallado y analítico de una campaña de copywriting exitosa que fue inusual o inesperada en su enfoque o ejecución. Describe cómo la campaña captó la atención del público objetivo, generó interés y participación, y logró resultados positivos en términos de conversiones, reconocimiento de marca o engagement del cliente.

Explora detalladamente cómo el lenguaje sensorial puede ser utilizado en el copywriting para crear una conexión emocional profunda con la audiencia objetivo. Describe cómo el uso de palabras y frases que estimulan los sentidos puede evocar emociones vívidas y experiencias sensoriales, permitiendo que el mensaje resuene de manera más impactante y memorable en la mente del lector.

Proporciona un ejemplo concreto de copywriting que apela eficazmente a los sentidos, describiendo cómo el texto utiliza palabras y descripciones sensoriales para crear una experiencia inmersiva y emocional para el lector. Analiza cómo este enfoque contribuye a la efectividad del mensaje y cómo puede ser adaptado para otros contextos y audiencias.

Detalla cómo puede utilizarse el poder del contraste en el copywriting para aumentar las conversiones, explicando cómo la comparación entre diferentes opciones, situaciones o resultados puede resaltar la singularidad y el valor del producto o servicio ofrecido. Ofrece ejemplos específicos de cómo el contraste puede ser utilizado para captar la atención del público y motivarlo a tomar una acción deseada.

Proporciona un ejemplo detallado y analítico de una campaña de copywriting exitosa que utilizó el poder del contraste en su enfoque o ejecución. Describe cómo la campaña destacó las diferencias entre dos situaciones o escenarios para resaltar los beneficios y ventajas del producto o servicio promocionado, y cómo esta estrategia contribuyó al éxito y los resultados positivos de la campaña.

Explora cómo puede utilizarse el poder de la asociación en el copywriting para mejorar las tasas de conversión, explicando cómo conectar el producto o servicio con emociones, experiencias o valores positivos puede influir en la percepción y la toma de decisiones del cliente. Ofrece ejemplos de cómo utilizar asociaciones positivas para generar confianza, credibilidad y afinidad con la marca.

Proporciona un ejemplo específico de una campaña de copywriting exitosa que utilizó el poder de la curiosidad para captar la atención del público y generar interés en el producto o servicio promocionado. Describe cómo la campaña despertó la curiosidad del público mediante el uso de enigmas, preguntas intrigantes o elementos misteriosos, y cómo esto condujo a una mayor participación y engagement por parte de la audiencia.

Ofrece un ejemplo detallado y analítico de una campaña de copywriting exitosa que utilizó el poder de la sorpresa en su enfoque o ejecución. Describe cómo la campaña sorprendió al público con un giro inesperado, una revelación impactante o una experiencia única, y cómo esto generó una respuesta positiva y una mayor atención hacia la marca o el producto promocionado.

Detalla cómo puedes utilizar el poder de la urgencia en tu copywriting para aumentar las conversiones, explicando cómo la creación de una sensación de escasez o limitación temporal puede motivar a los clientes a tomar una acción rápida y decisiva. Ofrece ejemplos de cómo utilizar plazos de tiempo limitado, ofertas exclusivas o inventarios reducidos para generar una urgencia percibida en la audiencia.

Proporciona un ejemplo concreto de una campaña de copywriting exitosa que utilizó el enfoque "¿qué hay en ello para mí?" para conectar con la audiencia objetivo y resaltar los beneficios y ventajas del producto o servicio ofrecido. Describe cómo la campaña se centró en las necesidades, deseos y preocupaciones del cliente, y cómo esto condujo a una mayor resonancia y engagement con la marca.

Explora cómo puedes utilizar el poder de la anticipación en tu copywriting para aumentar las conversiones, explicando cómo la creación de expectativas positivas y emocionantes puede generar interés y motivación en la audiencia. Ofrece ejemplos de cómo utilizar adelantos, avances o teasers para generar anticipación y curiosidad en torno a un próximo lanzamiento o evento, y cómo esto puede traducirse en una mayor participación y respuesta por parte del público.

Describe cómo puedes utilizar el poder de la autoridad en tu copywriting para aumentar las conversiones, explicando cómo el respaldo de expertos, testimonios de clientes destacados o menciones de reconocimientos y premios pueden influir en la percepción y la confianza del público hacia tu producto o servicio.

Detalla cómo puedes utilizar el poder de la simplicidad en tu copywriting para aumentar las conversiones, explicando cómo simplificar el mensaje, eliminar la jerga innecesaria y presentar la información de manera clara y concisa puede facilitar la comprensión y la toma de decisiones del cliente.

Explora cómo puedes utilizar el enfoque "¿qué hay en ello para mí?" en tu copywriting para aumentar las conversiones, explicando cómo resaltar los beneficios y ventajas del producto o servicio desde la perspectiva del cliente puede generar un mayor interés y motivación para realizar una acción.

Detalla cómo puedes utilizar el poder de la sorpresa en tu copywriting para aumentar las conversiones, explicando cómo integrar elementos inesperados, giros creativos o experiencias únicas puede captar la atención del público y generar una respuesta positiva y memorable.

Proporciona un ejemplo concreto de una campaña de copywriting exitosa que utilizó el poder de la exclusividad, describiendo cómo la campaña destacó la singularidad, la exclusividad o la limitación del producto o servicio ofrecido para generar interés y demanda entre la audiencia.

Explora cómo puedes utilizar el poder de la especificidad en tu copywriting para aumentar las conversiones, explicando cómo proporcionar detalles concretos, cifras específicas o ejemplos tangibles puede aumentar la credibilidad y la persuasión del mensaje.

Proporciona un ejemplo detallado y analítico de una campaña de copywriting exitosa que utilizó el poder de la especificidad en su enfoque o ejecución, describiendo cómo la campaña destacó características o beneficios específicos del producto o servicio para generar interés y confianza en la audiencia.

Detalla cómo puedes utilizar el poder de la repetición en tu copywriting para aumentar las conversiones, explicando cómo reforzar mensajes clave, llamadas a la acción o beneficios importantes puede aumentar la retención y la respuesta del público.

Describe los pasos que puedes seguir utilizando la fórmula PAS (Problema, Agitación, Solución) para escribir un copy persuasivo, explicando cómo identificar el problema o la necesidad del cliente, agitar sus emociones resaltando las consecuencias de no resolver ese problema, y presentar la solución ofrecida por tu producto o servicio de manera convincente.

Explora cómo puedes incorporar la narración en tu copywriting para involucrar de manera efectiva a la audiencia objetivo, explicando cómo utilizar historias relevantes, personajes interesantes o situaciones emocionantes puede captar la atención del público y generar una conexión emocional y memorable. Ofrece ejemplos de cómo estructurar y contar historias de manera efectiva para respaldar tu mensaje y aumentar la persuasión del copy.

Explora algunas fórmulas comunes de copywriting y cómo pueden utilizarse para producir un copy de alta conversión. Describe ejemplos de fórmulas como AIDA (Atención, Interés, Deseo, Acción), PAS (Problema, Agitación, Solución), FAB (Característica, Ventaja, Beneficio) y cómo aplicarlas de manera efectiva para conectar con la audiencia y persuadirlos a tomar acción.

Detalla cómo puedes aprovechar la prueba social en tu copywriting para construir credibilidad y confianza con la audiencia. Explica cómo incluir testimonios de clientes, reseñas, certificaciones o menciones de autoridad en tu copy puede influir en la percepción del producto o servicio y motivar a la acción.

Describe algunas prácticas recomendadas para crear titulares llamativos y efectivos en el copywriting. Explora técnicas como la claridad, la relevancia, el uso de números, preguntas provocativas, promesas específicas o la creación de intriga para captar la atención del lector desde el principio y motivarlo a seguir leyendo.

La magia del copywriting y sus implicaciones en el éxito digital y en las ventas

Proporciona un ejemplo detallado y analítico de una exitosa campaña de copywriting que utilizó el poder de la escasez en su enfoque o ejecución. Describe cómo la campaña destacó la disponibilidad limitada del producto o servicio para generar urgencia y demanda entre la audiencia, y cómo esto contribuyó al éxito y los resultados positivos de la campaña.

Proporciona un ejemplo concreto de una exitosa campaña de copywriting que utilizó el poder de la simplicidad en su enfoque o ejecución. Describe cómo la campaña comunicó su mensaje de manera clara, concisa y fácilmente comprensible para la audiencia, y cómo esto aumentó la resonancia y la efectividad del mensaje.

Explora cómo puedes utilizar el poder del toque personal en tu copywriting para aumentar las conversiones, explicando cómo dirigirte directamente al lector, utilizar pronombres personales, contar historias personales o proporcionar ejemplos relevantes puede crear una conexión emocional más fuerte y motivar a la acción.

Proporciona un ejemplo detallado y analítico de una exitosa campaña de copywriting que utilizó el enfoque "¿qué hay en ello para ellos?" en su mensaje. Describe cómo la campaña se centró en los beneficios y las necesidades específicas del cliente, y cómo esto generó una respuesta positiva y una mayor participación por parte de la audiencia.

Detalla cómo puedes utilizar el poder de la escasez en tu copywriting para aumentar las conversiones, explicando cómo resaltar la disponibilidad limitada del producto o servicio y crear una sensación de urgencia puede motivar a la audiencia a tomar acción de inmediato antes de que se agote la oferta.

Explora cómo puedes utilizar el enfoque "¿qué hay en ello para ellos?" en tu copywriting para aumentar las conversiones, explicando cómo centrarte en los beneficios y las soluciones que ofrece tu producto o servicio desde la perspectiva del cliente puede generar un mayor interés y motivación para tomar acción.

Proporciona un ejemplo concreto de una exitosa campaña de copywriting que utilizó el poder de la nostalgia en su enfoque o ejecución. Describe cómo la campaña evocó recuerdos positivos o emociones nostálgicas en la audiencia, y cómo esto contribuyó al éxito y la resonancia de la campaña.

Explora cómo puedes utilizar el poder de la anticipación en tu copywriting para aumentar las conversiones, explicando cómo crear expectativas positivas y emocionantes alrededor de un próximo lanzamiento o evento puede generar interés y motivación en la audiencia. Ofrece ejemplos de cómo utilizar adelantos, avances o teasers para generar anticipación y curiosidad, y cómo esto puede traducirse en una mayor participación y respuesta por parte del público.

Proporciona un ejemplo detallado y analítico de una exitosa campaña de copywriting que utilizó el poder de la autoridad en su enfoque o ejecución. Describe cómo la campaña destacó el respaldo de expertos, testimonios de celebridades o menciones de autoridades en la industria para generar credibilidad y confianza en la audiencia, y cómo esto contribuyó al éxito y los resultados positivos de la campaña.

Ofrece un ejemplo concreto de una exitosa campaña de copywriting que utilizó el poder de la asociación en su enfoque o ejecución. Describe cómo la campaña vinculó el producto o servicio con emociones, experiencias o valores positivos compartidos por la audiencia, y cómo esto aumentó la resonancia y la afinidad con la marca.

Proporciona un ejemplo detallado y analítico de una exitosa campaña de copywriting que utilizó el poder de la urgencia en su enfoque o ejecución. Describe cómo la campaña destacó la disponibilidad limitada del producto o servicio y creó una sensación de urgencia para motivar a la audiencia a tomar acción de inmediato, y cómo esto condujo a una mayor participación y respuesta del público.

Ofrece un ejemplo concreto de una exitosa campaña de copywriting que utilizó el poder de la anticipación en su enfoque o ejecución. Describe cómo la campaña generó expectativas y emoción alrededor de un próximo lanzamiento, evento o promoción, y cómo esto aumentó el interés y la participación de la audiencia antes de que ocurriera el evento.

Explora cómo puedes utilizar el poder de la curiosidad en tu copywriting para aumentar las conversiones, explicando cómo despertar la intriga y el interés del lector mediante el uso de preguntas provocativas, enigmas o elementos misteriosos puede motivarlos a seguir leyendo y tomar acción.

Describe cómo puedes utilizar el poder de la nostalgia en tu copywriting para aumentar las conversiones, explicando cómo evocar recuerdos positivos o emociones nostálgicas en la audiencia puede generar una conexión emocional más fuerte y motivarlos a tomar acción.

Proporciona un ejemplo concreto de una exitosa campaña de copywriting que utilizó el poder de la repetición en su enfoque o ejecución. Describe cómo la campaña reforzó mensajes clave, llamadas a la acción o beneficios importantes repetidamente para aumentar la retención y la respuesta del público.

Explora cómo puedes utilizar el poder de la exclusividad en tu copywriting para aumentar las conversiones, explicando cómo resaltar la singularidad, la exclusividad o la limitación del producto o servicio puede generar demanda y motivar a la audiencia a tomar acción antes de que se agote la oferta.

Detalla cómo puedes utilizar el poder del toque personal en tu copywriting para aumentar las conversiones, explicando cómo dirigirte directamente al lector, utilizar pronombres personales o contar historias personales puede crear una conexión emocional más fuerte y motivarlos a tomar acción.

Describe cómo puedes utilizar el enfoque "¿qué hay en ello para nosotros?" en tu copywriting para aumentar las conversiones, explicando cómo resaltar los beneficios y las soluciones que ofrece tu producto o servicio no solo para el cliente, sino también para la comunidad, la sociedad o el medio ambiente puede generar un mayor interés y motivación para tomar acción.

Proporciona un ejemplo detallado y analítico de una campaña de copywriting exitosa que haya utilizado el enfoque "¿qué hay en ello para nosotros". Describe cómo la campaña resaltó los beneficios y las soluciones ofrecidas por el producto o servicio no solo para el cliente individual, sino también para un grupo más amplio, una comunidad o la sociedad en general.

Explora cómo puedes incorporar el enfoque "¿qué hay en ello para el mundo" en tu copywriting para aumentar las conversiones, explicando cómo resaltar los impactos positivos que el producto o servicio puede tener en el medio ambiente, la sostenibilidad o la responsabilidad social puede generar un mayor interés y motivación para tomar acción.

Proporciona un ejemplo concreto de una campaña de copywriting próspera que haya utilizado el enfoque "¿qué hay en ello para el mundo". Describe cómo la campaña comunicó los beneficios del producto o servicio en términos de sostenibilidad, responsabilidad social o impacto positivo en la comunidad, y cómo esto resonó con la audiencia y condujo al éxito de la campaña.

Detalla cómo puedes aprovechar el enfoque "¿qué hay en ello para el futuro" en tu copywriting para mejorar las conversiones, explicando cómo resaltar los beneficios a largo plazo, las soluciones duraderas o las oportunidades de crecimiento futuro que ofrece tu producto o servicio puede generar un mayor interés y motivación para tomar acción.

Proporciona una instancia de una campaña de copywriting próspera que haya utilizado el enfoque "¿qué hay en ello para el futuro". Describe cómo la campaña destacó los beneficios a largo plazo o las oportunidades de crecimiento futuro ofrecidas por el producto o servicio, y cómo esto motivó a la audiencia a comprometerse y tomar acción.

Explora cómo puedes aplicar el enfoque "¿qué hay en ello para el pasado" en tu copywriting para aumentar las conversiones, explicando cómo resaltar la historia, la tradición o la herencia asociada con el producto o servicio puede generar una conexión emocional más fuerte y motivar a la acción.

Presenta un ejemplo de una campaña de copywriting triunfante que haya empleado el enfoque "¿qué hay en ello para el pasado". Describe cómo la campaña evocó la nostalgia, destacó la historia o la herencia de la marca, y cómo esto generó una conexión emocional con la audiencia y condujo al éxito de la campaña.

Describe cómo puedes utilizar el enfoque "¿qué hay en ello para el presente" en tu copywriting para elevar las conversiones, explicando cómo resaltar los beneficios inmediatos, las soluciones instantáneas o las gratificaciones instantáneas ofrecidas por tu producto o servicio puede generar un mayor interés y motivación para tomar acción.

Comparte una campaña de copywriting exitosa que haya utilizado el enfoque "¿qué hay en ello para el presente". Describe cómo la campaña comunicó los beneficios inmediatos o las soluciones instantáneas ofrecidas por el producto o servicio, y cómo esto resonó con la audiencia y condujo al éxito de la campaña.

Explora cómo puedes utilizar el enfoque "¿qué hay en ello para el futuro y el pasado" en tu copywriting para mejorar las conversiones, explicando cómo resaltar tanto los beneficios a largo plazo y la herencia histórica asociada con el producto o servicio puede generar una conexión emocional más fuerte y motivar a la acción.

Proporciona un ejemplo detallado y analítico de una campaña de copywriting victoriosa que haya incorporado el enfoque "¿qué hay en ello para el futuro y el pasado". Describe cómo la campaña resaltó tanto los beneficios a largo plazo como la herencia histórica asociada con el producto o servicio para generar una conexión emocional más fuerte y motivar a la acción.

Explora cómo puedes aprovechar el enfoque "¿qué hay en ello para el presente, el pasado y el futuro" en tu copywriting para avanzar las conversiones, explicando cómo resaltar tanto los beneficios inmediatos como los beneficios a largo plazo, así como la herencia histórica asociada con el producto o servicio, puede generar una mayor resonancia y motivación para tomar acción.

Detalla algunas formas de utilizar preguntas en tu copywriting para aumentar la participación. Explora cómo hacer preguntas provocativas, reflexivas o dirigidas al público puede involucrarlos activamente en el contenido y motivarlos a continuar leyendo o tomar acción.

Describe cómo puedes utilizar eficazmente la narración en tu copywriting para aumentar las conversiones. Explora cómo contar historias relevantes, emocionantes o personalizadas puede captar la atención del público, generar una conexión emocional y aumentar la persuasión del mensaje.

Explora cómo puedes aprovechar el poder de la familiaridad en tu copywriting para mejorar las conversiones, explicando cómo utilizar referencias familiares, vocabulario común o situaciones cotidianas puede generar confianza y afinidad con la audiencia.

Detalla cómo puedes utilizar el poder de lo desconocido en tu copywriting para aumentar las conversiones. Explora cómo crear intriga, misterio o suspense puede captar la atención del público y motivarlo a buscar más información o tomar una acción deseada.

Describe cómo puedes aprovechar el poder de lo desconocido en tu copywriting para incrementar las conversiones, explicando cómo resaltar los aspectos únicos, innovadores o poco conocidos del producto o servicio puede generar interés y curiosidad en la audiencia.

Explora cómo puedes utilizar el poder de lo conocido en tu copywriting para mejorar las conversiones, explicando cómo utilizar referencias populares, testimonios de clientes destacados o marcas reconocidas puede generar confianza y credibilidad con la audiencia.

Detalla cómo puedes utilizar eficazmente el poder del subconsciente en tu copywriting para aumentar las conversiones, explicando cómo utilizar técnicas como la sugestión, la asociación de ideas o los gatillos emocionales puede influir en la toma de decisiones del público a un nivel subconsciente.

Explora cómo puedes aprovechar el poder de lo consciente en tu copywriting para elevar las conversiones, explicando cómo resaltar los beneficios claros, las soluciones prácticas o las ventajas tangibles del producto o servicio puede influir en la toma de decisiones del público a un nivel consciente.

Detalla cómo puedes utilizar eficazmente el poder de la simplicidad en tu copywriting para avanzar las conversiones, explicando cómo simplificar el mensaje, eliminar la jerga innecesaria y presentar la información de manera clara y concisa puede facilitar la comprensión y la toma de decisiones del cliente.

Explora cómo puedes utilizar el poder de la complejidad en tu copywriting para aumentar las conversiones, explicando cómo proporcionar información detallada, análisis profundos o soluciones sofisticadas puede aumentar la percepción de valor y la credibilidad del producto o servicio ante la audiencia.

Describe cómo puedes utilizar el poder de lo negativo en tu copywriting para elevar las conversiones, explicando cómo resaltar problemas o desafíos que enfrenta la audiencia y ofrecer soluciones efectivas puede despertar el interés y la motivación para tomar acción.

Detalla cómo puedes utilizar eficazmente el poder de lo positivo en tu copywriting para mejorar las conversiones, explicando cómo resaltar beneficios, soluciones y aspectos positivos del producto o servicio puede generar un impacto emocional positivo en la audiencia y motivarlos a tomar acción.

Explora cómo puedes utilizar el poder de lo personal en tu copywriting para aumentar las conversiones, explicando cómo dirigirte directamente al lector, utilizar pronombres personales o contar historias personales puede crear una conexión emocional más fuerte y motivarlos a tomar acción.

Detalla cómo puedes aprovechar el poder de lo impersonal en tu copywriting para avanzar las conversiones, explicando cómo presentar información de manera objetiva, utilizar estadísticas o datos impersonales puede aumentar la credibilidad y la objetividad del mensaje ante la audiencia.

Describe cómo puedes utilizar eficazmente el poder de la primera persona en tu copywriting para incrementar las conversiones, explicando cómo utilizar pronombres personales como "yo" o "nosotros" puede crear una conexión más directa y personal con el lector, aumentando su implicación y motivación para tomar acción.

Explora cómo puedes utilizar el poder de la segunda persona en tu copywriting para elevar las conversiones, explicando cómo dirigirte directamente al lector utilizando pronombres como "tú" o "usted" puede generar una sensación de cercanía y relevancia, aumentando su interés y compromiso con el mensaje.

Detalla cómo puedes aprovechar el poder de la tercera persona en tu copywriting para aumentar las conversiones, explicando cómo presentar información de manera objetiva y distanciada puede aumentar la credibilidad y la confianza del público en el mensaje y en la marca.

Describe cómo puedes utilizar el poder del tiempo presente en tu copywriting para mejorar las conversiones, explicando cómo resaltar beneficios y soluciones actuales, así como la relevancia inmediata del producto o servicio puede generar un sentido de urgencia y motivar a la acción inmediata por parte del público.

Describe cómo pueden utilizarse eventos pasados en el copywriting para mejorar las tasas de conversión, explicando cómo resaltar casos de éxito, testimonios de clientes anteriores o experiencias pasadas positivas puede aumentar la credibilidad y la confianza del público en el producto o servicio.

Explora cómo pueden utilizarse resultados futuros en el copywriting para mejorar las tasas de conversión, explicando cómo pintar un cuadro claro y atractivo del futuro deseado del cliente después de utilizar el producto o servicio puede aumentar la motivación y el deseo de tomar acción.

Detalla cómo pueden utilizarse situaciones hipotéticas en el copywriting para aumentar las tasas de conversión, explicando cómo plantear escenarios imaginarios que resalten los beneficios y las soluciones ofrecidas por el producto o servicio puede ayudar al público a visualizar los resultados y motivarlos a tomar acción.

Explora cómo pueden aprovecharse escenarios de la vida real en el copywriting para aumentar las tasas de conversión, explicando cómo contar historias auténticas y relevantes, basadas en experiencias reales de clientes o situaciones del mundo real, puede generar una conexión emocional más fuerte y aumentar la credibilidad del mensaje.

Describe cómo pueden utilizarse conceptos imaginativos en el copywriting para aumentar las tasas de conversión, explicando cómo utilizar metáforas, analogías o narrativas creativas puede hacer que el mensaje sea más memorable y emocionante para el público, aumentando su interés y participación.

Detalla cómo puede integrarse la mensajería subconsciente en el copywriting para aumentar las tasas de conversión, explicando cómo utilizar palabras, imágenes o técnicas que apelen al subconsciente del público puede influir en sus decisiones de compra de manera sutil pero efectiva.

Explora cómo puede incorporarse la mensajería evidente en el copywriting para maximizar las tasas de conversión, explicando cómo utilizar argumentos claros, datos concretos o testimonios directos puede proporcionar pruebas tangibles y persuasivas que motiven al público a tomar acción.

Describe cómo puede emplearse el lenguaje directo en el copywriting para aumentar las tasas de conversión, explicando cómo utilizar un tono claro, conciso y sin rodeos puede comunicar el mensaje de manera efectiva y motivar al público a tomar acción de inmediato.

Explora cómo se puede utilizar el lenguaje indirecto en el copywriting para aumentar las tasas de conversión, explicando cómo sugerir sutilmente beneficios o soluciones sin abordarlos directamente puede despertar la curiosidad y la intriga del público, motivándolos a buscar más información o tomar acción.

Detalla cómo se puede utilizar la mensajería implícita en el copywriting para elevar las tasas de conversión, explicando cómo transmitir mensajes ocultos o sugeridos que evocan emociones o asociaciones positivas puede influir en la percepción del público sobre el producto o servicio y motivarlos a tomar acción.

Describe las técnicas que se pueden usar para crear titulares convincentes que capten la atención del lector, explorando cómo utilizar palabras clave, preguntas provocativas, números, promesas de beneficios o elementos de sorpresa puede hacer que los titulares sean más atractivos y persuasivos.

Explora las mejores prácticas para escribir copy persuasivo, detallando cómo identificar y destacar los puntos de dolor del cliente, resaltar los beneficios del producto o servicio, utilizar pruebas sociales y testimonios, y crear un llamado a la acción claro y convincente para motivar al lector a tomar acción.

Detalla cómo se puede utilizar la narración en el copywriting para establecer una conexión con el lector, explicando cómo contar historias relevantes, emocionantes o personales puede crear una experiencia más inmersiva y memorable para el lector, aumentando su conexión emocional con el mensaje.

Enumera los errores comunes que se deben evitar en el copywriting, como la falta de claridad en el mensaje, el uso excesivo de jerga o tecnicismos, la falta de pruebas sociales o testimonios, la ausencia de un llamado a la acción claro y la falta de personalización del mensaje para la audiencia objetivo.

Explora cómo se pueden utilizar los desencadenantes emocionales en el copywriting para mejorar las tasas de conversión, explicando cómo identificar y apelar a las emociones del público, como el miedo, la alegría, la esperanza o la nostalgia, puede motivarlos a tomar acción.

Detalla las formas efectivas de utilizar el lenguaje en el copywriting, explicando cómo utilizar un lenguaje claro, persuasivo y relevante para la audiencia objetivo, evitar la jerga innecesaria y utilizar palabras poderosas y emocionales puede aumentar la efectividad del mensaje.

Describe cómo se puede utilizar la prueba social en el copywriting para fomentar la confianza, explicando cómo destacar testimonios de clientes satisfechos, estadísticas de ventas o premios y reconocimientos obtenidos puede demostrar la credibilidad y el valor del producto o servicio.

Enumera las técnicas para crear un sentido de urgencia en el copywriting, como utilizar ofertas por tiempo limitado, destacar la escasez de productos, resaltar los beneficios de actuar rápidamente o utilizar frases y palabras que sugieran urgencia y acción inmediata.

Explica cómo se pueden utilizar las palabras poderosas en el copywriting para provocar una fuerte respuesta emocional, explorando cómo utilizar palabras positivas, negativas, emocionales y persuasivas puede influir en las emociones y acciones del lector.

Detalla las formas de incorporar el humor en el copywriting para aumentar la participación del mensaje, explicando cómo utilizar juegos de palabras, bromas relevantes, situaciones cómicas o tono humorístico puede hacer que el mensaje sea más memorable y atractivo para la audiencia.

Explora cómo se pueden emplear técnicas persuasivas como la escasez, la autoridad y la simpatía en el copywriting, explicando cómo resaltar la exclusividad del producto o servicio, presentar testimonios de autoridades en el campo y utilizar un tono amigable y empático puede influir en las decisiones de compra del público.

Detalla las formas de utilizar la narración para hacer que el copywriting sea más convincente, explicando cómo contar historias emocionantes, relevantes y personalizadas puede captar la atención del público, generar una conexión emocional y aumentar la persuasión del mensaje.

Describe cómo se puede utilizar el copywriting persuasivo para aumentar las conversiones en un sitio web, explorando cómo escribir titulares impactantes, descripciones de productos convincentes y llamados a la acción claros y persuasivos puede guiar al usuario hacia la conversión deseada.

Enumera cómo se puede utilizar el copywriting para aumentar la conciencia de marca, explicando cómo transmitir la voz, los valores y la personalidad de la marca a través del contenido, crear mensajes coherentes y memorables y utilizar estrategias de storytelling puede aumentar el reconocimiento y la percepción positiva de la marca.

Explica las formas de utilizar el copywriting para aumentar la participación en las redes sociales, explorando cómo escribir mensajes atractivos, utilizar hashtags relevantes, publicar contenido visualmente atractivo y fomentar la interacción con los seguidores puede aumentar el compromiso y la participación en las plataformas sociales.

Detalla las formas de utilizar el copywriting para aumentar las tasas de apertura y clic en los correos electrónicos, explicando cómo escribir líncas de asunto persuasivas, crear contenido relevante y personalizado y utilizar llamados a la acción claros y convincentes puede mejorar el rendimiento de las campañas de email marketing.

Describe cómo se puede utilizar el copywriting para aumentar las ventas en sitios web de comercio electrónico, explorando cómo optimizar las descripciones de productos, resaltar beneficios clave, ofrecer promociones especiales y simplificar el proceso de compra puede aumentar las conversiones y las ventas en línea.

Enumera las formas de utilizar el copywriting para mejorar la generación de leads, explicando cómo crear contenido informativo y valioso, ofrecer recursos gratuitos a cambio de información de contacto y utilizar llamados a la acción persuasivos puede captar la atención del público y fomentar la acción deseada.

Explora cómo se puede utilizar el copywriting para crear botones de llamado a la acción efectivos, detallando cómo utilizar palabras de acción claras, destacar los beneficios de hacer clic y utilizar colores y diseño llamativos puede aumentar la tasa de clics y las conversiones.

Describe las formas de utilizar el copywriting para crear páginas de destino efectivas, explicando cómo escribir titulares impactantes, descripciones claras y convincentes, y llamados a la acción persuasivos puede aumentar la tasa de conversión y guiar al usuario hacia la acción deseada.

Describe qué estrategias se pueden emplear en el copywriting para desarrollar descripciones de productos efectivas, explicando cómo resaltar los beneficios, características únicas y casos de uso del producto, utilizar un tono persuasivo y centrarse en las necesidades y deseos del cliente puede aumentar la persuasión y la conversión.

Enumera algunas técnicas para utilizar el copywriting en la construcción de campañas de correo electrónico impactantes, como personalizar los mensajes, segmentar la audiencia, utilizar líneas de asunto persuasivas, crear contenido relevante y atractivo, y utilizar llamados a la acción claros y convincentes.

Explora de qué maneras se puede utilizar el copywriting para crear cartas de ventas persuasivas, detallando cómo estructurar la carta, resaltar los beneficios del producto o servicio, utilizar testimonios y pruebas sociales, y crear una oferta irresistible puede aumentar la efectividad de la carta de ventas.

Describe algunos métodos para utilizar el copywriting en la creación de folletos efectivos, como utilizar un diseño visualmente atractivo, resaltar los beneficios clave, incluir llamados a la acción claros y convincentes, y utilizar un lenguaje persuasivo y directo para captar la atención del lector.

Detalla cómo se puede utilizar el copywriting para crear infografías atractivas, explicando cómo estructurar la información de manera clara y concisa, utilizar gráficos e imágenes llamativas, y contar una historia visualmente impactante puede aumentar la efectividad de la infografía para comunicar mensajes complejos de manera efectiva.

Explora qué técnicas se pueden emplear en el copywriting para elaborar guiones de video impactantes, como contar una historia emocionante y relevante, utilizar un lenguaje claro y conciso, resaltar los beneficios del producto o servicio y crear un llamado a la acción persuasivo al final del video.

Enumera cómo se puede utilizar el copywriting para desarrollar guiones de podcast persuasivos, detallando cómo estructurar el contenido, utilizar un tono conversacional y amigable, incluir testimonios y entrevistas relevantes, y crear una narrativa interesante y envolvente puede aumentar el compromiso y la participación del público.

Describe algunas estrategias para utilizar el copywriting en la creación de publicaciones efectivas en redes sociales, como utilizar un lenguaje claro y conciso, incluir contenido visual atractivo, utilizar hashtags relevantes, incentivar la interacción con preguntas y encuestas, y responder de manera oportuna a los comentarios y mensajes de los seguidores.

Explora de qué maneras se puede utilizar el copywriting para crear copias de anuncios efectivas, detallando cómo escribir titulares impactantes, resaltar los beneficios del producto o servicio, incluir llamados a la acción claros y convincentes, y utilizar un tono persuasivo y relevante para la audiencia objetivo.

Detalla algunas técnicas para utilizar el copywriting en la construcción de lemas efectivos, explicando cómo resumir la propuesta de valor del producto o servicio de manera clara y memorable, utilizar palabras poderosas y emocionales, y crear un lema que sea fácil de recordar y asociar con la marca.

Describe cómo se puede utilizar el copywriting para crear eslogans convincentes, explorando cómo resumir la esencia de la marca o el producto en una frase memorable, utilizar palabras poderosas y evocadoras, y transmitir los beneficios clave puede crear un eslogan que resuene con la audiencia y sea fácilmente recordado.

Enumera las estrategias que se pueden emplear en el copywriting para desarrollar jingles efectivos, como utilizar ritmos pegajosos, rimas creativas, melodías atractivas y letras que transmitan el mensaje y la personalidad de la marca de manera memorable y emocionante.

Explora las maneras de utilizar el copywriting para crear anuncios en displays impactantes, detallando cómo escribir titulares impactantes, utilizar imágenes llamativas y creativas, y transmitir un mensaje claro y conciso puede captar la atención del público y generar interés en el producto o servicio anunciado.

Describe cómo se puede utilizar el copywriting para elaborar anuncios de radio atractivos, explicando cómo utilizar la voz, el tono y el ritmo adecuados, contar historias emocionantes o utilizar efectos de sonido pueden crear anuncios que capturen la atención del oyente y transmitan el mensaje de manera efectiva.

Enumera las técnicas que se pueden emplear en el copywriting para crear anuncios de televisión efectivos, como utilizar imágenes y escenas que resalten los beneficios del producto o servicio, contar historias interesantes y emocionantes, y utilizar un guion claro y persuasivo que llame a la acción.

Explora de qué maneras se puede utilizar el copywriting para crear vallas publicitarias convincentes, detallando cómo utilizar palabras clave y llamativas, imágenes impactantes y mensajes directos y claros puede captar la atención de los conductores y transmitir el mensaje de manera efectiva en un breve vistazo.

Detalla cómo se puede utilizar el copywriting para desarrollar un empaque persuasivo, explicando cómo destacar los beneficios del producto, utilizar un diseño atractivo y llamativo, incluir información relevante y persuasiva y utilizar un lenguaje que motive a la compra puede influir en la decisión de compra del consumidor en el punto de venta.

Describe algunas estrategias para utilizar el copywriting en la construcción de campañas de correo directo impactantes, como personalizar los mensajes, utilizar líneas de asunto atractivas, resaltar los beneficios del producto o servicio y utilizar llamados a la acción claros y convincentes para motivar al destinatario a tomar acción.

Explora cómo se puede utilizar el copywriting para desarrollar folletos impactantes, detallando cómo escribir titulares llamativos, incluir imágenes atractivas y relevantes, destacar los beneficios del producto o servicio y utilizar un diseño claro y atractivo puede captar la atención del lector y transmitir el mensaje de manera efectiva.

Enumera las técnicas que se pueden emplear en el copywriting para crear anuncios impresos efectivos, como utilizar titulares impactantes, resaltar los beneficios del producto o servicio, utilizar imágenes llamativas y utilizar un diseño claro y conciso que guíe al lector hacia la acción deseada.

Describe cómo se puede utilizar el copywriting para crear folletos atractivos, explorando cómo escribir titulares llamativos, utilizar un diseño visualmente atractivo y centrarse en los beneficios clave del producto o servicio puede captar la atención del lector y comunicar el mensaje de manera efectiva.

Enumera las estrategias que se pueden emplear en el copywriting para desarrollar vallas publicitarias efectivas, como utilizar un mensaje claro y conciso, utilizar imágenes impactantes, incluir un llamado a la acción claro y utilizar un diseño visualmente atractivo que capte la atención del público objetivo.

Explora cómo se puede utilizar el copywriting para crear carteles convincentes, detallando cómo escribir un mensaje claro y persuasivo, utilizar imágenes llamativas y relevantes, y utilizar un diseño que destaque los beneficios del producto o servicio puede captar la atención del espectador y generar interés.

Describe algunas técnicas para utilizar el copywriting y crear anuncios efectivos en las redes sociales, como adaptar el mensaje al público objetivo, utilizar un tono conversacional y amigable, incluir contenido visual atractivo y utilizar llamados a la acción claros y persuasivos.

Explora cómo se puede utilizar el copywriting para crear anuncios de búsqueda atractivos, detallando cómo escribir titulares impactantes, utilizar palabras clave relevantes, destacar los beneficios del producto o servicio y utilizar un lenguaje persuasivo puede aumentar la efectividad de los anuncios en los motores de búsqueda.

Enumera las estrategias que se pueden emplear en el copywriting para desarrollar anuncios de video efectivos, como contar una historia emocionante y relevante, utilizar un guion claro y persuasivo, incluir llamados a la acción claros y utilizar imágenes y efectos visuales que capten la atención del espectador.

Describe de qué maneras se puede utilizar el copywriting para crear anuncios de remarketing impactantes, explicando cómo personalizar el mensaje según el comportamiento del usuario, utilizar un tono persuasivo y recordatorio, y destacar los beneficios del producto o servicio puede aumentar la efectividad de los anuncios de remarketing.

Explora cómo se puede utilizar el copywriting para desarrollar imanes de clientes persuasivos, detallando cómo escribir contenido valioso y relevante, utilizar un lenguaje persuasivo y destacar los beneficios de descargar o registrarse puede atraer y convertir a los clientes potenciales.

Enumera las técnicas que se pueden emplear en el copywriting para crear webinarios atractivos, como escribir un título impactante, describir claramente los beneficios y la información que se compartirá, utilizar un lenguaje claro y persuasivo y destacar el valor que aportará el webinario a los asistentes.

Describe cómo se puede utilizar el copywriting para construir embudos de ventas efectivos, explicando cómo escribir mensajes persuasivos y relevantes en cada etapa del embudo, utilizar llamados a la acción claros y motivadores, y personalizar la comunicación según las necesidades y deseos del cliente.

Explora de qué maneras se puede utilizar el copywriting para reunir diversas opiniones y perspectivas, detallando cómo escribir preguntas abiertas y provocativas, fomentar la participación y el intercambio de ideas, y crear un ambiente de respeto y colaboración entre los participantes.

Describe cómo estructurar un correo electrónico promocional utilizando el copywriting para captar la atención del destinatario desde el asunto hasta el cuerpo del mensaje, destacando los beneficios del producto o servicio, incluyendo un llamado a la acción claro y persuasivo, y cerrando con una firma personalizada que impulse la interacción.

Explora las técnicas para redactar descripciones de productos en un catálogo utilizando el copywriting, destacando las características clave del producto de manera convincente, resaltando los beneficios para el cliente y utilizando un lenguaje persuasivo que invite a la compra.

Detalla cómo escribir un guion efectivo para un anuncio de radio utilizando el copywriting, capturando la atención del oyente desde el principio, transmitiendo el mensaje de manera clara y memorable, y concluyendo con un llamado a la acción persuasivo que motive al oyente a actuar.

Describe cómo utilizar el copywriting para crear contenido persuasivo en las redes sociales, adaptando el tono y el estilo al público objetivo de cada plataforma, utilizando titulares llamativos, contenido visual atractivo y llamadas a la acción que generen participación y conversión.

Explora cómo redactar una landing page efectiva utilizando el copywriting, centrando el mensaje en los beneficios del producto o servicio, utilizando testimonios y pruebas sociales para aumentar la credibilidad, e incluyendo un formulario de contacto o botón de llamado a la acción claramente visible.

Detalla cómo escribir una publicación de blog persuasiva utilizando el copywriting, comenzando con un titular impactante que despierte el interés del lector, desarrollando el contenido con información relevante y útil, y concluyendo con una llamada a la acción que invite a la interacción.

Describe las estrategias para redactar un anuncio de Google Ads efectivo utilizando el copywriting, seleccionando palabras clave relevantes, escribiendo anuncios claros y concisos que destaquen los beneficios del producto o servicio, y utilizando extensiones de anuncios para aumentar la visibilidad y la participación.

Explora cómo utilizar el copywriting en la creación de mensajes de texto promocionales, captando la atención del receptor desde el principio, ofreciendo una oferta irresistible o un beneficio exclusivo, e incluyendo un enlace directo a una landing page optimizada para la conversión.

Detalla cómo redactar un mensaje persuasivo para un anuncio impreso utilizando el copywriting, utilizando un titular llamativo y una copia concisa que resalte los beneficios del producto o servicio, y seleccionando imágenes o gráficos que refuercen el mensaje y capten la atención del lector.

Describe cómo escribir una secuencia de mensajes para un embudo de ventas utilizando el copywriting, llevando al cliente potencial a través de un viaje de descubrimiento, interés y acción, proporcionando contenido de valor en cada etapa y guiándolos hacia la conversión final.

Explora cómo utilizar el copywriting para escribir scripts persuasivos para videos de ventas, estructurando el mensaje de manera que capture la atención del espectador desde el principio, presente los beneficios de manera clara y convincente, y cierre con una llamada a la acción persuasiva que motive a la acción.

Detalla cómo redactar un guion efectivo para un webinar utilizando el copywriting, organizando el contenido de manera lógica y estructurada, utilizando ejemplos y casos de estudio para respaldar los puntos clave, e incluyendo momentos interactivos que fomenten la participación del público.

Describe las estrategias para utilizar el copywriting en la creación de mensajes de texto para anuncios publicitarios en plataformas móviles, adaptando el mensaje al formato corto y directo, utilizando un lenguaje persuasivo que incite a la acción y aprovechando las funciones de segmentación para llegar al público adecuado.

Explora cómo utilizar el copywriting para escribir contenido persuasivo en páginas de destino de campañas de marketing de afiliación, destacando los beneficios del producto o servicio promocionado, incluyendo testimonios y reseñas que respalden la credibilidad, y utilizando un llamado a la acción claro y convincente.

Detalla cómo redactar un guion efectivo para un video de demostración de producto utilizando el copywriting, mostrando de manera clara y concisa las características y beneficios del producto, resaltando los problemas que resuelve y demostrando su funcionamiento de manera práctica y convincente.

Describe las estrategias para utilizar el copywriting en la creación de contenido para chatbots de servicio al cliente, utilizando un tono conversacional y amigable, anticipando las preguntas y necesidades del usuario, y guiándolos de manera efectiva hacia una solución o respuesta satisfactoria.

Explora cómo utilizar el copywriting para escribir correos electrónicos de reactivación de clientes inactivos, utilizando un enfoque personalizado y relevante, recordando al cliente sobre los beneficios y experiencias positivas pasadas, e incentivando su regreso con ofertas especiales o descuentos exclusivos.

Detalla cómo redactar un guion persuasivo para un anuncio de podcast utilizando el copywriting, comenzando con una introducción impactante que capture la atención del oyente, desarrollando el mensaje de manera clara y entretenida, e incluyendo llamadas a la acción que motiven al oyente a visitar el sitio web o realizar una compra.

Describe las estrategias para utilizar el copywriting en la creación de contenido para chatbots de generación de leads, utilizando preguntas abiertas y persuasivas para iniciar conversaciones, proporcionando información relevante y valiosa para el usuario, y capturando la información de contacto de manera discreta pero efectiva.

Explora cómo utilizar el copywriting para escribir mensajes persuasivos en las descripciones de productos en plataformas de comercio electrónico como Amazon, destacando los puntos de venta únicos del producto, utilizando un lenguaje persuasivo y emocional, e incluyendo palabras clave relevantes para mejorar la visibilidad y el posicionamiento en los motores de búsqueda.

Explora cómo utilizar el copywriting para redactar anuncios de texto en plataformas de publicidad PPC (Pago por Clic), enfocándote en la relevancia del mensaje para las palabras clave seleccionadas, la claridad en la comunicación de los beneficios del producto o servicio, y la inclusión de un llamado a la acción persuasivo.

Detalla las estrategias para utilizar el copywriting en la creación de contenido para páginas de destino específicas de campañas de marketing por correo postal, adaptando el mensaje al formato impreso, utilizando un diseño visual atractivo y llamativo, y destacando los beneficios del producto o servicio de manera convincente.

Describe cómo redactar una secuencia de correos electrónicos de bienvenida utilizando el copywriting, estableciendo una conexión inicial con el suscriptor, presentando la propuesta de valor de la marca o empresa, y guiando al destinatario hacia la siguiente etapa del embudo de ventas.

Explora cómo utilizar el copywriting en la creación de contenido para folletos promocionales físicos, diseñando una estructura clara y fácil de seguir, resaltando los principales beneficios del producto o servicio, e incluyendo un llamado a la acción claro y directo para incentivar la respuesta del lector.

Detalla las estrategias para utilizar el copywriting en la redacción de scripts para videos de capacitación corporativa, utilizando un lenguaje claro y conciso, estructurando el contenido de manera lógica y coherente, e incluyendo elementos visuales o ejemplos prácticos para facilitar el aprendizaje.

Describe cómo redactar una carta de ventas efectiva utilizando el copywriting, comenzando con una introducción persuasiva que capte la atención del lector, presentando el problema que resuelve el producto o servicio, y ofreciendo una solución clara y convincente con una oferta irresistible.

Explora cómo utilizar el copywriting en la creación de contenido para guiones de video tutoriales, explicando paso a paso cómo utilizar un producto o servicio, utilizando un lenguaje sencillo y accesible, e incluyendo ejemplos prácticos o demostraciones visuales para facilitar la comprensión.

Detalla las estrategias para utilizar el copywriting en la redacción de mensajes de texto para campañas de SMS marketing, optimizando el contenido para dispositivos móviles, personalizando el mensaje según las preferencias y comportamientos del destinatario, e incluyendo un enlace directo a una landing page o sitio web optimizado para la conversión.

Describe cómo redactar una secuencia de mensajes para un chatbot de ventas utilizando el copywriting, diseñando un flujo de conversación coherente y atractivo, proporcionando respuestas rápidas y relevantes a las preguntas del usuario, y guiando hábilmente al cliente potencial hacia la compra.

Detalla cómo utilizar el copywriting para redactar contenido persuasivo en anuncios de remarketing en línea, segmentando a los usuarios según su comportamiento anterior en el sitio web, resaltando los beneficios adicionales del producto o servicio, y ofreciendo incentivos especiales para volver a comprometerse.

Explora cómo utilizar el copywriting en la creación de contenido para cartas de agradecimiento a clientes, expresando aprecio genuino por su negocio, destacando los beneficios adicionales de ser un cliente fiel, y fomentando la lealtad continua con ofertas exclusivas o descuentos especiales.

Describe las estrategias para utilizar el copywriting en la redacción de discursos de ventas persuasivos, adaptando el tono y el estilo al público y al contexto específicos, utilizando técnicas de narración para captar la atención del público, y cerrando con un llamado a la acción convincente.

Explora cómo utilizar el copywriting en la creación de contenido para guías de compra en línea, proporcionando información detallada sobre los productos o servicios disponibles, comparando características y precios de manera objetiva, y ayudando a los consumidores a tomar decisiones informadas.

Detalla las estrategias para utilizar el copywriting en la redacción de contenido para aplicaciones móviles, optimizando el texto para pantallas pequeñas, utilizando un lenguaje claro y conciso, e incluyendo llamadas a la acción que guíen al usuario a explorar más funciones o realizar compras dentro de la aplicación.

Describe cómo redactar una serie de mensajes para una campaña de marketing de contenido utilizando el copywriting, proporcionando contenido útil y relevante para el público objetivo, segmentando los mensajes según los intereses y necesidades del usuario, e incentivando la participación y el compromiso continuo.

Explora cómo utilizar el copywriting en la creación de contenido para materiales promocionales impresos, como volantes y tarjetas de presentación, utilizando un diseño atractivo y llamativo, destacando los beneficios del producto o servicio de manera concisa, y ofreciendo incentivos especiales para fomentar la acción.

Detalla las estrategias para utilizar el copywriting en la redacción de contenido para guiones de videos testimoniales, destacando las experiencias positivas de clientes reales, transmitiendo credibilidad y confianza en la marca o producto, y alentando a otros clientes potenciales a tomar medidas similares.

Describe cómo redactar una serie de mensajes para una campaña de marketing de retargeting utilizando el copywriting, personalizando el contenido según el comportamiento anterior del usuario, recordando productos o servicios vistos anteriormente, y ofreciendo incentivos especiales para volver a comprometerse.

Explora cómo utilizar el copywriting en la creación de contenido para manuales de usuario y documentación técnica, explicando de manera clara y concisa cómo utilizar un producto o servicio, utilizando un lenguaje accesible y evitando jerga técnica excesiva, y proporcionando ejemplos prácticos para facilitar la comprensión.

Detalla cómo utilizar el copywriting para redactar contenido persuasivo en publicaciones de blog, aplicando técnicas de SEO para mejorar la visibilidad en los motores de búsqueda, proporcionando información valiosa y relevante para el público objetivo, y alentando la interacción y el compromiso a través de llamadas a la acción efectivas.

Explora cómo utilizar el copywriting en la creación de contenido para presentaciones de ventas en línea, utilizando herramientas visuales como diapositivas y gráficos para respaldar los puntos clave, adaptando el mensaje al estilo y tono de la marca, y manteniendo la atención del público con una narración convincente.

Describe las estrategias para utilizar el copywriting en la redacción de contenido para campañas de publicidad nativa, integrando el mensaje de manera fluida en el contexto del entorno editorial, proporcionando contenido útil y relevante para el lector, y generando interés y curiosidad para fomentar la interacción.

Explora cómo utilizar el copywriting en la creación de contenido para mensajes de chat automatizados en sitios web, proporcionando respuestas rápidas y relevantes a las consultas de los visitantes, utilizando un tono conversacional y amigable, y guiando hábilmente al usuario hacia la acción deseada.

Detalla las estrategias para utilizar el copywriting en la redacción de contenido para boletines informativos por correo electrónico, ofreciendo contenido exclusivo y de valor para los suscriptores, segmentando los mensajes según los intereses y preferencias del público, y fomentando la participación y el compromiso continuos.

Describe cómo redactar una serie de mensajes para una campaña de marketing de influencers utilizando el copywriting, personalizando el contenido según la audiencia y el estilo del influencer, destacando los beneficios del producto o servicio de manera auténtica y genuina, y fomentando la confianza y la credibilidad en la recomendación.

Explora cómo utilizar el copywriting en la creación de contenido para guiones de videos de marca, transmitiendo la personalidad y los valores de la marca de manera auténtica, utilizando elementos visuales y narrativos para contar una historia convincente, y generando una conexión emocional con la audiencia.

Detalla las estrategias para utilizar el copywriting en la redacción de contenido para presentaciones de productos o servicios en ferias comerciales, destacando las características y beneficios únicos, utilizando un lenguaje persuasivo y convincente, y proporcionando materiales impresos complementarios para reforzar el mensaje.

Describe cómo redactar una serie de mensajes para una campaña de marketing de influencia utilizando el copywriting, personalizando el contenido según los intereses y preferencias del influencer y su audiencia, destacando los beneficios del producto o servicio de manera auténtica y genuina, y fomentando la confianza y la credibilidad en la recomendación.

Explora cómo utilizar el copywriting en la creación de contenido para presentaciones de productos o servicios en línea, utilizando herramientas de presentación visual para destacar características y beneficios, adaptando el mensaje al formato digital con elementos interactivos, y facilitando la navegación y la comprensión del contenido para los espectadores.

Explora cómo utilizar el copywriting en la redacción de contenido para campañas de marketing de contenido interactivas, como cuestionarios, encuestas o calculadoras en línea, diseñando mensajes persuasivos que guíen al usuario a través de la experiencia interactiva y generen compromiso con la marca o producto.

Detalla las estrategias para utilizar el copywriting en la redacción de contenido para recursos descargables, como libros electrónicos, guías o plantillas, ofreciendo información valiosa y útil para el público objetivo, y utilizando un lenguaje persuasivo para incentivar la descarga y la participación.

Describe cómo redactar una serie de mensajes para una campaña de marketing de lanzamiento de productos utilizando el copywriting, creando expectación y anticipación entre la audiencia, destacando las características y beneficios únicos del producto, y generando interés y deseo de compra.

Explora cómo utilizar el copywriting en la creación de contenido para descripciones de productos en tiendas en línea, utilizando un lenguaje persuasivo y descriptivo para resaltar las características y beneficios del producto, y ayudando a los clientes potenciales a tomar decisiones de compra informadas.

Detalla las estrategias para utilizar el copywriting en la redacción de contenido para mensajes de chatbots de servicio al cliente, proporcionando respuestas rápidas y útiles a las consultas de los clientes, utilizando un tono amigable y personalizado, y resolviendo eficazmente los problemas o inquietudes.

Describe cómo redactar una serie de mensajes para una campaña de marketing de recomendación de boca a boca utilizando el copywriting, incentivando a los clientes satisfechos a compartir su experiencia con amigos y familiares, y proporcionando incentivos o recompensas por referir nuevos clientes.

Explora cómo utilizar el copywriting en la creación de contenido para presentaciones de ventas en línea, como webinars o seminarios web, utilizando un lenguaje persuasivo y convincente para captar la atención del público, y proporcionando información valiosa y relevante para los espectadores.

Detalla las estrategias para utilizar el copywriting en la redacción de contenido para correos electrónicos de seguimiento post-venta, agradeciendo a los clientes por su compra, solicitando comentarios o testimonios, y ofreciendo oportunidades adicionales de compra o actualización de productos.

Describe cómo redactar una serie de mensajes para una campaña de marketing de reactivación de clientes utilizando el copywriting, incentivando a los clientes inactivos a volver a comprometerse con la marca o producto, ofreciendo descuentos especiales o promociones exclusivas.

Explora cómo utilizar el copywriting en la creación de contenido para cartas de ventas impresas, utilizando un formato tradicional y estructurado para presentar la oferta de manera convincente, destacando los beneficios y ventajas del producto o servicio, y generando una respuesta directa y efectiva por parte del lector.

Detalla las estrategias para utilizar el copywriting en la redacción de contenido para anuncios de radio, creando mensajes concisos y memorables que capturen la atención del oyente, transmitiendo los beneficios del producto o servicio de manera efectiva y generando interés en la audiencia.

Describe cómo redactar una serie de mensajes para una campaña de marketing de contenido para redes sociales utilizando el copywriting, adaptando el tono y el estilo al público objetivo y a la plataforma específica, utilizando hashtags relevantes y llamadas a la acción persuasivas para fomentar la participación.

Explora cómo utilizar el copywriting en la creación de contenido para páginas de destino de publicidad de pago por clic (PPC), escribiendo titulares y descripciones que sean claros, persuasivos y relevantes para las palabras clave seleccionadas, y guiando al usuario hacia la conversión deseada.

Detalla las estrategias para utilizar el copywriting en la redacción de contenido para mensajes de texto de marketing, escribiendo mensajes breves y llamativos que generen interés y deseo de acción, y utilizando enlaces directos y llamadas a la acción claras para guiar al destinatario hacia el siguiente paso.

Describe cómo redactar una serie de mensajes para una campaña de marketing de correo directo utilizando el copywriting, personalizando los mensajes según el segmento de la audiencia y los datos demográficos, y utilizando un lenguaje persuasivo y convincente para generar respuesta y participación.

Explora cómo utilizar el copywriting en la creación de contenido para guiones de videos promocionales, desarrollando narrativas cautivadoras que destaquen los beneficios del producto o servicio de manera emocionalmente resonante y que inspiren a la acción.

Detalla las estrategias para utilizar el copywriting en la redacción de contenido para anuncios impresos en revistas y periódicos, capturando la atención del lector con titulares impactantes y visuales llamativos, y transmitiendo el mensaje de manera clara y convincente en el espacio limitado disponible.

Describe cómo redactar una serie de mensajes para una campaña de marketing de eventos utilizando el copywriting, promocionando el evento de manera atractiva y persuasiva a través de diversos canales de comunicación, y generando anticipación y entusiasmo entre el público objetivo.

Explora cómo utilizar el copywriting en la creación de contenido para guiones de videos testimoniales, destacando las experiencias auténticas de los clientes con el producto o servicio y transmitiendo credibilidad y confianza en la marca.

Detalla las estrategias para utilizar el copywriting en la redacción de contenido para páginas de productos en tiendas en línea, optimizando la descripción del producto con palabras clave relevantes y destacando los beneficios y características únicas para persuadir a los clientes a realizar una compra.

Detalla estrategias para utilizar el copywriting en la redacción de contenido para mensajes de chat en vivo en sitios web, proporcionando respuestas rápidas y personalizadas a las consultas de los visitantes, y guiando de manera efectiva a los usuarios hacia la conversión.

Describe cómo redactar una serie de mensajes para una campaña de marketing de contenido interactivo, como quizzes o juegos en línea, utilizando el copywriting para mantener el interés del usuario y conducirlo hacia la acción deseada al finalizar la experiencia.

Explora cómo utilizar el copywriting en la creación de contenido para infomerciales televisivos, escribiendo guiones persuasivos que capturen la atención del espectador desde el principio y presenten los beneficios del producto de manera convincente.

Detalla las estrategias para utilizar el copywriting en la redacción de contenido para mensajes de chatbot en aplicaciones de mensajería instantánea, brindando respuestas automatizadas que sean útiles y relevantes para el usuario, y fomentando la interacción con la marca.

Describe cómo redactar una serie de mensajes para una campaña de marketing de influencia utilizando el copywriting, colaborando con influencers para crear contenido auténtico y persuasivo que resuene con su audiencia y genere interés en el producto o servicio.

Explora cómo utilizar el copywriting en la creación de contenido para anuncios de audio en podcasts, escribiendo guiones que sean relevantes y atractivos para el público del programa, y transmitiendo el mensaje de manera efectiva en un formato de audio.

Detalla las estrategias para utilizar el copywriting en la redacción de contenido para chatbots de atención al cliente en redes sociales, proporcionando respuestas rápidas y útiles a las consultas de los usuarios, y manteniendo una comunicación coherente con la voz de la marca.

Describe cómo redactar una serie de mensajes para una campaña de marketing de contenido para realidad virtual o aumentada, utilizando el copywriting para crear experiencias inmersivas que involucren al usuario y comuniquen los valores de la marca de manera innovadora.

Explora cómo utilizar el copywriting en la creación de contenido para presentaciones de ventas en eventos corporativos, adaptando el mensaje para cautivar a una audiencia en vivo, y utilizando elementos visuales y narrativos para destacar los beneficios del producto o servicio.

Detalla las estrategias para utilizar el copywriting en la redacción de contenido para campañas de marketing de contenido de marca en plataformas de streaming de video, como YouTube o Twitch, creando contenido que entretenga, eduque y promueva la participación del espectador.

Detalla estrategias para utilizar el copywriting en la creación de contenido para anuncios de audio en plataformas de streaming de música, como Spotify o Apple Music, aprovechando el formato auditivo para transmitir mensajes persuasivos y atractivos.

Describe cómo redactar una serie de mensajes para una campaña de marketing de contenido para aplicaciones móviles, utilizando el copywriting para crear notificaciones push que impulsen la interacción del usuario y promuevan la retención y el compromiso.

Explora cómo utilizar el copywriting en la creación de contenido para guiones de vídeos explicativos animados, desarrollando narrativas claras y envolventes que comuniquen los beneficios y características del producto o servicio de manera visualmente atractiva.

Detalla las estrategias para utilizar el copywriting en la redacción de contenido para mensajes de texto automatizados en programas de fidelización de clientes, enviando mensajes personalizados que reconozcan y recompensen la lealtad del cliente de manera efectiva.

Describe cómo redactar una serie de mensajes para una campaña de marketing de contenido para blogs corporativos, utilizando el copywriting para crear entradas de blog informativas y persuasivas que eduquen al lector y generen confianza en la marca.

Explora cómo utilizar el copywriting en la creación de contenido para guiones de videos de testimonios de clientes, destacando experiencias auténticas y positivas de clientes reales que respalden la credibilidad y la calidad del producto o servicio.

Detalla las estrategias para utilizar el copywriting en la redacción de contenido para mensajes de correo electrónico de recuperación de carritos abandonados en tiendas en línea, persuadiendo a los clientes para que completen sus compras y reduciendo las tasas de abandono.

Describe cómo redactar una serie de mensajes para una campaña de marketing de contenido para webinars interactivos, utilizando el copywriting para promocionar el evento, generar expectativas y aumentar el registro de participantes.

Explora cómo utilizar el copywriting en la creación de contenido para campañas de marketing de contenido de realidad aumentada, desarrollando experiencias digitales envolventes que permitan a los usuarios interactuar con los productos de manera innovadora.

Detalla las estrategias para utilizar el copywriting en la redacción de contenido para mensajes de chat automatizados en páginas de destino, guiando a los visitantes a través del embudo de ventas de manera personalizada y persuasiva.

Crea un plan estratégico de copywriting para una campaña de marketing de guerrilla, diseñando mensajes ingeniosos y sorprendentes que capturen la atención del público objetivo en lugares inesperados y generen un impacto memorable para la marca.

Desarrolla una estrategia de copywriting para una campaña de marketing de contenido en realidad virtual, creando narrativas inmersivas y envolventes que transporten a los usuarios a experiencias únicas y les inspiren a interactuar con la marca de manera innovadora.

Diseña una serie de mensajes persuasivos para un chatbot de ventas en una plataforma de comercio electrónico, utilizando el copywriting para personalizar la experiencia de compra del usuario y guiarlo a través del proceso de selección de productos de manera efectiva.

Crea una estrategia de copywriting para una campaña de marketing de contenido en podcasts, desarrollando guiones que se adapten al formato de audio y proporcionen contenido valioso y entretenido que mantenga el interés del oyente y fomente la fidelización.

Desarrolla una serie de mensajes para una campaña de marketing de contenido interactivo en redes sociales, utilizando el copywriting para crear experiencias participativas que involucren a la audiencia y generen interacción y viralidad en la plataforma.

Diseña una estrategia de copywriting para una campaña de marketing de contenido en realidad aumentada, creando mensajes que combinen elementos digitales y físicos para proporcionar experiencias inmersivas y cautivadoras para el usuario.

Crea una serie de mensajes para una campaña de marketing de contenido en aplicaciones de mensajería instantánea, utilizando el copywriting para interactuar con los usuarios de manera personalizada y ofrecer contenido relevante y atractivo en tiempo real.

Desarrolla una estrategia de copywriting para una campaña de marketing de contenido en videojuegos, creando mensajes integrados en la experiencia de juego que proporcionen información útil y entretenida mientras los usuarios interactúan con el juego.

Diseña una serie de mensajes persuasivos para una campaña de marketing de contenido en realidad mixta, combinando elementos de realidad virtual y aumentada para crear experiencias inmersivas y envolventes que conecten con la audiencia de manera única.

Crea una estrategia de copywriting para una campaña de marketing de contenido en dispositivos de realidad extendida, como lentes inteligentes o dispositivos portátiles, diseñando mensajes que aprovechen las capacidades de estos dispositivos para ofrecer experiencias interactivas y personalizadas.

Diseña una estrategia de copywriting para una campaña de marketing de contenido en realidad aumentada para la industria de la moda, creando experiencias interactivas en las que los usuarios puedan probarse virtualmente la ropa y los accesorios antes de comprarlos.

Desarrolla una serie de mensajes persuasivos para una campaña de marketing de contenido en formato de cómic, utilizando el copywriting para contar historias que destaquen los beneficios y características de un producto o servicio de manera divertida y visualmente atractiva.

Crea una estrategia de copywriting para una campaña de marketing de contenido en realidad virtual para la industria del turismo, ofreciendo a los usuarios la oportunidad de explorar destinos turísticos de manera inmersiva antes de reservar sus viajes.

Diseña una serie de mensajes para una campaña de marketing de contenido en forma de juego de mesa, utilizando el copywriting para crear reglas y descripciones de juego que eduquen a los jugadores sobre los productos o servicios de la marca de manera entretenida y memorable.

Desarrolla una estrategia de copywriting para una campaña de marketing de contenido en realidad extendida para la industria de la salud y el bienestar, ofreciendo a los usuarios experiencias interactivas y personalizadas que promuevan hábitos de vida saludables.

Crea una serie de mensajes persuasivos para una campaña de marketing de contenido en formato de libro electrónico interactivo, utilizando el copywriting para proporcionar información útil y valiosa mientras los lectores navegan por las páginas virtuales.

Diseña una estrategia de copywriting para una campaña de marketing de contenido en formato de audioguía para museos y atracciones turísticas, creando narrativas envolventes que acompañen a los visitantes durante su recorrido y enriquezcan su experiencia.

Desarrolla una serie de mensajes para una campaña de marketing de contenido en formato de escape room virtual, utilizando el copywriting para crear desafíos y enigmas que los participantes deban resolver mientras descubren los valores y productos de la marca.

Crea una estrategia de copywriting para una campaña de marketing de contenido en formato de serie de televisión web, desarrollando episodios que combinen entretenimiento y mensajes de marca de manera sutil y efectiva.

Diseña una serie de mensajes persuasivos para una campaña de marketing de contenido en formato de espectáculo de variedades en línea, utilizando el copywriting para presentar actuaciones y segmentos que involucren a la audiencia mientras promocionan productos o servicios de la marca.

Diseña una estrategia de copywriting para una campaña de marketing de contenido en realidad mixta para promocionar destinos turísticos, creando experiencias híbridas que combinen elementos virtuales y físicos para ofrecer a los usuarios una vista previa emocionante de sus próximas vacaciones.

Desarrolla una serie de mensajes persuasivos para una campaña de marketing de contenido en formato de juego de rol en línea, utilizando el copywriting para guiar a los participantes a través de una aventura interactiva donde puedan explorar los productos y servicios de la marca de manera divertida y envolvente.

Crea una estrategia de copywriting para una campaña de marketing de contenido en formato de exposición de arte digital, colaborando con artistas para crear obras visuales que transmitan los valores y mensajes clave de la marca de manera innovadora y emocionante.

Diseña una serie de mensajes para una campaña de marketing de contenido en formato de teatro inmersivo, utilizando el copywriting para crear escenarios y diálogos que sumerjan a la audiencia en una experiencia envolvente donde puedan interactuar con la marca de manera única.

Desarrolla una estrategia de copywriting para una campaña de marketing de contenido en formato de escape room físico, creando desafíos y acertijos que requieran que los participantes resuelvan pistas relacionadas con la marca para avanzar en la experiencia.

Crea una serie de mensajes persuasivos para una campaña de marketing de contenido en formato de caja de suscripción mensual, utilizando el copywriting para destacar los productos exclusivos y las ofertas especiales que los suscriptores recibirán cada mes.

Diseña una estrategia de copywriting para una campaña de marketing de contenido en formato de experiencia gastronómica, colaborando con chefs y restaurantes para crear menús y eventos temáticos que reflejen los valores y la personalidad de la marca.

Desarrolla una serie de mensajes para una campaña de marketing de contenido en formato de taller de creatividad, utilizando el copywriting para guiar a los participantes a través de ejercicios prácticos y actividades que les permitan explorar la marca desde una perspectiva creativa.

Crea una estrategia de copywriting para una campaña de marketing de contenido en formato de experiencia de bienestar, organizando retiros y actividades que promuevan el autocuidado y la conexión con la marca de una manera significativa y auténtica.

Diseña una serie de mensajes persuasivos para una campaña de marketing de contenido en formato de viaje de aventura, utilizando el copywriting para narrar historias emocionantes y experiencias únicas que inviten a los participantes a explorar el mundo mientras se conectan con la marca.

Desarrolla un mensaje persuasivo que resalte los beneficios únicos de tu producto o servicio, enfocándote en cómo puede resolver los problemas específicos de tus clientes potenciales y mejorar sus vidas.

Utiliza el poder de las palabras emocionales para conectar con tus clientes a un nivel personal, apelando a sus deseos, aspiraciones y miedos para motivar la acción de compra.

Crea una oferta irresistible utilizando técnicas de copywriting como la escasez y la urgencia para impulsar a los clientes a tomar medidas inmediatas, destacando la exclusividad y el valor añadido que ofrece tu producto o servicio.

Utiliza testimonios y reseñas de clientes satisfechos para construir confianza y credibilidad en tu marca, mostrando pruebas sociales de la efectividad y calidad de lo que ofreces.

Escribe titulares impactantes que capturen la atención de tu audiencia de inmediato, utilizando ganchos emocionales, preguntas provocativas o promesas irresistibles para atraerlos hacia tu mensaje.

Desarrolla una narrativa convincente que cuente una historia sobre tu producto o servicio, mostrando cómo ha transformado positivamente la vida de tus clientes y creando una conexión emocional con tu audiencia.

Utiliza el poder de la persuasión y la influencia en tu copywriting, aplicando principios psicológicos como la reciprocidad, la autoridad y la coherencia para aumentar la persuasión y la efectividad de tus mensajes de venta.

Enfatiza los beneficios tangibles y los resultados concretos que tus clientes pueden esperar al elegir tu producto o servicio, demostrando cómo resolverá sus problemas y satisfará sus necesidades.

Crea un sentido de pertenencia y comunidad alrededor de tu marca, utilizando el copywriting para comunicar los valores compartidos y la identidad de tu marca, y haciendo que tus clientes se sientan parte de algo más grande al realizar una compra.

Utiliza llamadas a la acción claras y directas que guíen a tus clientes hacia el siguiente paso en el proceso de compra, utilizando verbos de acción persuasivos y frases motivadoras para incitar la acción deseada.

Implementa una estrategia de copywriting centrada en la personalización, adaptando el mensaje a las necesidades y preferencias específicas de cada segmento de tu audiencia para aumentar la relevancia y la conexión con tus clientes potenciales.

Utiliza el storytelling en tu copywriting para crear una narrativa envolvente que transporte a los clientes a través de un viaje emocional, desde la identificación de un problema hasta la solución proporcionada por tu producto o servicio, generando empatía y compromiso.

Incorpora elementos visuales en tu copywriting, como imágenes llamativas, infografías informativas o videos persuasivos, para complementar y reforzar el mensaje escrito, capturando la atención de los clientes y aumentando la efectividad de tus comunicaciones de venta.

Aplica técnicas de neuromarketing en tu copywriting, aprovechando los conocimientos sobre el funcionamiento del cerebro humano para diseñar mensajes que estimulen los sentidos, generen emociones positivas y motiven la toma de decisiones de compra.

Crea una sensación de exclusividad y privilegio en tu copywriting, ofreciendo ofertas especiales, acceso anticipado o beneficios adicionales solo para clientes selectos, impulsando la percepción de valor y aumentando la motivación para comprar.

Utiliza el poder del contraste en tu copywriting, destacando las diferencias entre la situación actual del cliente y el resultado deseado después de utilizar tu producto o servicio, creando un sentido de urgencia y necesidad de acción.

Integra el humor de manera estratégica en tu copywriting, utilizando el ingenio y la creatividad para generar una respuesta emocional positiva, aumentar la simpatía hacia tu marca y mejorar la retención del mensaje.

Experimenta con el formato de tus mensajes de venta, explorando opciones como historias cortas, listas de beneficios, preguntas provocativas o testimonios de clientes para encontrar la estructura más efectiva para comunicar tu propuesta de valor.

Optimiza la legibilidad de tus mensajes de venta, utilizando una combinación adecuada de estructura, formato, tipografía y espaciado para hacer que el contenido sea fácil de leer y comprender, mejorando la experiencia del usuario y aumentando la efectividad de tus comunicaciones.

Utiliza el copywriting persuasivo en todas las etapas del embudo de ventas, desde la generación de conciencia hasta la conversión y la retención, adaptando el tono y el enfoque del mensaje a las necesidades y expectativas específicas de cada punto de contacto con el cliente.

Desarrolla un enfoque de copywriting centrado en la resolución de objeciones, anticipando y abordando de manera proactiva las preocupaciones comunes de los clientes para eliminar barreras y aumentar la confianza en la compra.

Utiliza la técnica del "storyselling" en tu copywriting, integrando elementos narrativos persuasivos que conviertan las características de tu producto o servicio en una historia convincente sobre cómo puede mejorar la vida del cliente.

Implementa el principio de la reciprocidad en tu copywriting, ofreciendo contenido de valor gratuito, como guías útiles o recursos descargables, para generar un sentido de obligación y gratitud que impulse a los clientes a responder con una compra.

Aplica el principio de la autoridad en tu copywriting, utilizando citas de expertos, datos estadísticos o reconocimientos de la industria para respaldar tus afirmaciones y aumentar la credibilidad percibida de tu producto o servicio.

Incorpora elementos de escasez en tu copywriting, como ofertas por tiempo limitado o cantidades limitadas de productos disponibles, para crear un sentido de urgencia y motivar a los clientes a actuar antes de perder la oportunidad.

Utiliza la técnica del "pre-suasión" en tu copywriting, preparando a tus clientes para recibir tu mensaje principal mediante la introducción de conceptos o ideas que aumenten su receptividad y predisposición a la compra.

Experimenta con la psicología del color en tu copywriting, seleccionando tonos y combinaciones que evocan emociones específicas y asociaciones mentales que refuercen tu mensaje de venta y mejoren la respuesta del cliente.

Crea una experiencia de compra guiada con tu copywriting, utilizando un lenguaje persuasivo y orientado a la acción para dirigir sutilmente a los clientes a través del proceso de compra, desde la consideración hasta la conversión.

Utiliza la técnica del "framing" en tu copywriting, presentando tu producto o servicio en términos de beneficios percibidos en lugar de características técnicas, para influir en la percepción del cliente y aumentar su disposición a comprar.

Aprovecha el poder del "social proof" en tu copywriting, destacando testimonios de clientes satisfechos, reseñas positivas o casos de éxito para demostrar la aceptación y satisfacción de otros clientes y aumentar la confianza en tu oferta.

Emplea la técnica del "seeding" en tu copywriting, introduciendo sutilmente tu producto o servicio en conversaciones o interacciones en línea para generar interés y curiosidad entre tu audiencia.

Crea un sentido de pertenencia en tu copywriting, utilizando frases inclusivas y pronombres de primera persona plural para involucrar a los clientes potenciales y hacerles sentir que forman parte de una comunidad exclusiva.

Utiliza la técnica del "open loop" en tu copywriting, planteando una pregunta o situación intrigante al principio de tu mensaje para captar la atención del lector y motivarlos a seguir leyendo en busca de la respuesta.

Implementa el principio de la gratificación instantánea en tu copywriting, destacando los beneficios inmediatos y tangibles que los clientes pueden esperar al realizar una compra, para impulsar la acción y aumentar las conversiones.

Integra elementos de gamificación en tu copywriting, ofreciendo incentivos como descuentos, premios o puntos de fidelidad para fomentar la participación del cliente y aumentar el compromiso con tu marca.

Utiliza la técnica del "pattern interrupt" en tu copywriting, rompiendo los patrones de pensamiento habituales de los clientes con afirmaciones sorprendentes o preguntas inesperadas que capturan su atención y los hacen reflexionar sobre tu mensaje.

Aplica la psicología del precio en tu copywriting, presentando tu oferta de manera estratégica con precios terminados en números impares o utilizando la técnica del anclaje para influir en la percepción de valor del cliente.

Aprovecha el poder de la nostalgia en tu copywriting, evocando recuerdos positivos del pasado para crear una conexión emocional con tu audiencia y aumentar la resonancia de tu mensaje.

Utiliza el principio de la congruencia en tu copywriting, asegurándote de que el tono, el estilo y el contenido de tu mensaje estén alineados con la identidad de tu marca y las expectativas de tu audiencia para construir confianza y credibilidad.

Experimenta con la técnica del "future pacing" en tu copywriting, describiendo vívidamente los beneficios y resultados futuros que los clientes pueden experimentar después de utilizar tu producto o servicio, para inspirar aspiraciones y motivar la acción de compra.

Implementa una estrategia de "copywriting emocional", utilizando palabras y expresiones que despierten emociones específicas en tus clientes, como la alegría, la esperanza o el temor, para conectar profundamente con ellos y motivar la acción de compra.

Crea una sensación de urgencia en tu copywriting, utilizando palabras y frases que denoten escasez de tiempo o disponibilidad limitada de productos, para impulsar a los clientes a tomar decisiones rápidas y aumentar las conversiones.

Utiliza el poder de la personalización en tu copywriting, adaptando el mensaje a las características y preferencias individuales de cada cliente, utilizando datos demográficos o comportamentales, para mejorar la relevancia y la efectividad de tu comunicación.

Incorpora elementos visuales en tu copywriting, como gifs, memes o emojis, para captar la atención de tu audiencia y transmitir mensajes de manera más dinámica y atractiva.

Emplea la técnica de la "copywriting conversacional", utilizando un tono amigable y cercano en tus mensajes, como si estuvieras manteniendo una conversación directa con el cliente, para generar confianza y establecer una conexión más íntima.

Integra testimonios y reseñas de clientes en tu copywriting, destacando experiencias positivas y comentarios auténticos para construir credibilidad y validar la calidad de tu producto o servicio.

Utiliza la técnica de la "prueba de concepto" en tu copywriting, ofreciendo muestras gratuitas o períodos de prueba para que los clientes experimenten los beneficios de tu producto antes de realizar una compra, reduciendo la incertidumbre y aumentando la confianza.

Experimenta con la narrativa en tu copywriting, contando historias inspiradoras o casos de éxito que ilustren cómo tu producto o servicio ha transformado vidas o resuelto problemas reales, para inspirar e influir en la toma de decisiones de compra.

Utiliza el poder de la anticipación en tu copywriting, adelantando los beneficios y resultados positivos que los clientes pueden esperar después de realizar una compra, para despertar su interés y motivar la acción.

Aplica la técnica de la "paradoja" en tu copywriting, presentando ideas o conceptos aparentemente contradictorios que desafíen las creencias convencionales y generen curiosidad en los clientes, invitándolos a explorar más a fondo tu oferta.

Emplea el principio de la anticipación en tu copywriting, creando expectativas positivas sobre futuros lanzamientos de productos o eventos promocionales para generar entusiasmo y aumentar la demanda anticipada.

Utiliza la técnica del "reclamo único de venta" en tu copywriting, identificando y comunicando de manera clara y concisa el beneficio único que ofrece tu producto o servicio, destacando lo que lo diferencia de la competencia.

Implementa una estrategia de "copywriting conversacional" en tus interacciones en redes sociales, utilizando un tono informal y auténtico para generar una conexión genuina con tu audiencia y fomentar la participación activa.

Crea contenido de "copywriting interactivo", como cuestionarios, encuestas o juegos en línea, que involucre a los usuarios de manera activa y les permita experimentar los beneficios de tu marca de una manera divertida y memorable.

Utiliza el poder del "microcopy" en tu copywriting, optimizando los elementos de texto en tu sitio web o aplicación, como botones de llamada a la acción o mensajes de error, para guiar sutilmente a los usuarios hacia la conversión y mejorar la experiencia del usuario.

Experimenta con el "copywriting de influencia", colaborando con influencers relevantes en tu industria para crear contenido persuasivo que llegue a audiencias nuevas y aumente la credibilidad y la confianza en tu marca.

Aplica la técnica de "copywriting adaptativo", personalizando el mensaje y la oferta según el comportamiento y las preferencias del usuario, utilizando datos de comportamiento en línea y técnicas de segmentación avanzadas para mejorar la relevancia y la efectividad del mensaje.

Utiliza el storytelling inverso en tu copywriting, comenzando con el resultado deseado o la transformación final que experimentará el cliente al utilizar tu producto o servicio, y luego retrocede para explicar cómo pueden lograr ese resultado.

Crea una estrategia de "copywriting de reactivación", dirigiéndote a clientes inactivos o antiguos con mensajes personalizados que resalten nuevas ofertas, mejoras de productos o incentivos especiales para volver a involucrarlos y recuperar su interés.

Aprovecha el poder del "copywriting de gratitud", expresando aprecio genuino hacia tus clientes en tus mensajes de marketing y comunicaciones, reconociendo su lealtad y contribución al éxito de tu negocio.

Utiliza el método de "copywriting basado en la investigación", realizando un análisis exhaustivo de tu mercado objetivo, incluyendo la identificación de necesidades, deseos y problemas comunes de los clientes, así como también el estudio de la competencia y las tendencias del mercado. Al comprender a fondo a tu audiencia y el contexto del mercado, podrás crear mensajes más persuasivos y efectivos que resuenen con tu público objetivo.

Implementa una estrategia de "copywriting emocional inteligente", que se centra en conectar con las emociones específicas de tu audiencia de manera auténtica y relevante. Esto implica utilizar la inteligencia emocional para comprender cómo se sienten tus clientes en relación con tu producto o servicio, y luego comunicar mensajes que aborden esas emociones de manera empática y persuasiva.

Crea un "mapa de viaje del cliente" como parte de tu estrategia de copywriting, que trace el recorrido completo que los clientes potenciales realizan desde el descubrimiento de tu marca hasta la conversión y la fidelización. Al mapear cada etapa del viaje del cliente, podrás identificar los puntos de contacto clave donde puedes aplicar estratégicamente el copywriting para maximizar el compromiso y las conversiones.

Experimenta con el "copywriting de impacto social", que se centra en comunicar los valores y compromisos de tu marca con la responsabilidad social y ambiental. Al integrar mensajes que resalten tus iniciativas de sostenibilidad, responsabilidad social corporativa o contribuciones a la comunidad, puedes atraer a consumidores conscientes que valoran el impacto positivo que las empresas pueden tener en el mundo.

Aplica la técnica de "copywriting persuasivo de autoridad", que implica posicionar tu marca o producto como una autoridad reconocida en tu industria. Esto se puede lograr mediante la incorporación de estadísticas, estudios de casos, testimonios de expertos y reconocimientos de la industria en tu copywriting, para demostrar tu experiencia y credibilidad en el campo y aumentar la confianza del cliente.

Utiliza la psicología del color en tu copywriting para influir en las emociones y percepciones de los clientes. Cada color tiene asociaciones psicológicas únicas, por lo que al seleccionar cuidadosamente la paleta de colores para tu marca y tu copywriting, puedes crear una atmósfera que resuene con tu audiencia y refuerce tu mensaje de manera efectiva.

Implementa una estrategia de "copywriting de retargeting", que se centra en dirigir mensajes específicos a usuarios que han interactuado previamente con tu marca pero no han completado una conversión. Al utilizar cookies de seguimiento y datos de comportamiento en línea, puedes personalizar tus mensajes para abordar las objeciones o preocupaciones de estos usuarios y alentarlos a volver y realizar una compra.

Utiliza el storytelling en tu copywriting para crear una conexión emocional y memorable con tu audiencia. En lugar de simplemente enumerar características y beneficios, cuenta historias que ilustren cómo tu producto o servicio ha impactado positivamente la vida de los clientes, utilizando personajes, conflictos y resoluciones para involucrar a los lectores y captar su atención de manera más efectiva.

Crea una estrategia de "copywriting de respuesta rápida" para aprovechar eventos o tendencias actuales y capitalizar oportunidades de ventas temporales. Esto implica monitorear constantemente las noticias, eventos y conversaciones en las redes sociales para identificar oportunidades relevantes para tu marca, y luego crear mensajes de copywriting ágiles y oportunos que se alineen con esos eventos y generen interés y participación de los clientes.

Experimenta con el "copywriting de curiosidad", que implica despertar la intriga y el interés de los clientes al plantear preguntas, enigmas o escenarios misteriosos en tu copywriting. Al dejar algunas incógnitas sin resolver, puedes motivar a los clientes a leer más, explorar tu oferta y satisfacer su curiosidad, lo que puede aumentar la participación y las conversiones.

Experimenta con el "copywriting de gamificación", integrando elementos de juego en tu contenido para aumentar la interacción y el compromiso. Esto puede incluir desafíos, concursos, quizzes o actividades interactivas que hagan que los usuarios se involucren activamente con tu marca y productos.

Emplea el "copywriting de asociación de marca", colaborando con otras marcas o empresas complementarias para crear mensajes de marketing conjuntos que amplíen tu alcance y lleguen a nuevas audiencias.

Utiliza la técnica de "copywriting de deseo", identificando y enfatizando los deseos y aspiraciones más profundos de tu audiencia en tus mensajes de marketing para crear una conexión emocional y motivar la acción.

Implementa el "copywriting de exclusividad", ofreciendo ofertas, productos o contenido exclusivos para tus clientes más fieles o para un segmento específico de tu audiencia, lo que les hace sentir especiales y aumenta su lealtad hacia tu marca.

Crea una estrategia de "copywriting de voz activa", utilizando verbos en voz activa en lugar de voz pasiva para hacer que tus mensajes sean más directos, dinámicos y convincentes.

Experimenta con el "copywriting de anticipación", creando expectativas y generando entusiasmo entre tu audiencia sobre futuros lanzamientos de productos o eventos especiales, lo que puede aumentar la demanda y las conversiones cuando finalmente se lancen.

Aplica el "copywriting de beneficio exclusivo", destacando los beneficios únicos y diferenciadores que ofrece tu producto o servicio en comparación con la competencia, lo que hace que tu oferta sea más atractiva y persuasiva para los clientes potenciales.

Utiliza la técnica de "copywriting de escasez proyectada", comunicando la disponibilidad limitada de tu producto o la duración limitada de una oferta para crear un sentido de urgencia y motivar a los clientes a tomar medidas rápidas antes de perder la oportunidad.

Emplea el "copywriting de anticipación de objeciones", abordando de manera proactiva las posibles objeciones o preocupaciones que los clientes puedan tener sobre tu producto o servicio en tus mensajes de marketing, lo que ayuda a mitigar las dudas y aumentar la confianza en tu oferta.

Experimenta con el "copywriting de beneficio compartido", resaltando cómo tu producto o servicio beneficia no solo al cliente, sino también a la comunidad o al medio ambiente, lo que puede aumentar la percepción positiva de tu marca y generar un impacto socialmente responsable.

Explora el "copywriting de prueba gratuita", ofreciendo a los clientes potenciales la oportunidad de probar tu producto o servicio de forma gratuita durante un período de tiempo limitado. Este enfoque les permite experimentar los beneficios de primera mano, lo que puede aumentar la confianza y la predisposición a comprar.

Emplea el "copywriting de beneficio ampliado", destacando los beneficios secundarios o adicionales que ofrece tu producto o servicio, más allá de sus características principales. Al resaltar estos beneficios, puedes proporcionar una propuesta de valor más convincente y diferenciada.

Utiliza el "copywriting de comparación", donde contrastas tu producto o servicio con alternativas en el mercado, destacando sus ventajas y beneficios únicos. Esta estrategia puede ayudar a los clientes a tomar decisiones informadas y elegir tu oferta sobre la competencia.

Crea una estrategia de "copywriting de recomendación", donde aprovechas el poder del boca a boca y las recomendaciones de clientes satisfechos para respaldar tu producto o servicio. Al incluir testimonios y reseñas positivas en tu copywriting, puedes construir credibilidad y confianza.

Experimenta con el "copywriting de garantía sólida", ofreciendo una garantía de devolución de dinero o una política de satisfacción garantizada para reducir el riesgo percibido por parte de los clientes. Al eliminar las barreras de entrada, puedes alentar a más personas a probar tu oferta.

Aplica el "copywriting de sentido de pertenencia", destacando cómo tu producto o servicio forma parte de un grupo exclusivo o comunidad selecta.

Al asociar tu marca con la identidad y el estilo de vida de tu audiencia objetivo, puedes fomentar un sentido de pertenencia y lealtad.

Utiliza la técnica de "copywriting de historia de marca", donde compartes la historia y los valores detrás de tu marca para conectar emocionalmente con tu audiencia. Al contar una historia auténtica y relevante, puedes construir una conexión más profunda y duradera con los clientes.

Emplea el "copywriting de personalización", donde adaptas tu mensaje para que sea relevante y específico para cada segmento de tu audiencia. Al demostrar que comprendes las necesidades individuales de tus clientes, puedes aumentar la relevancia y la efectividad de tu copywriting.

Experimenta con el "copywriting de testimonio visual", donde incorporas elementos visuales como imágenes o videos de clientes reales utilizando tu producto o servicio. Esta evidencia social puede fortalecer la credibilidad y persuasión de tu mensaje.

Aplica el "copywriting de compromiso a largo plazo", donde estableces una relación continua con tus clientes más allá de la primera venta. Esto implica comunicar cómo tu marca está comprometida a satisfacer las necesidades en evolución de tus clientes y a ofrecer un excelente servicio postventa.

Experimenta con el "copywriting de historia de usuario", donde narras historias basadas en experiencias reales de clientes que han utilizado tu producto o servicio. Estas historias auténticas y emocionales pueden resonar profundamente con tu audiencia y generar confianza en tu marca.

Utiliza el "copywriting de anticipación de soluciones", donde identificas los problemas y desafíos comunes de tu audiencia y presentas tu producto o servicio como la solución ideal antes de que el cliente sea consciente de la necesidad. Esto puede ayudar a generar demanda anticipada y a establecer tu marca como un líder de pensamiento en tu industria.

Aplica el "copywriting de beneficios invisibles", donde resaltas los beneficios ocultos o menos evidentes de tu producto o servicio que pueden pasar desapercibidos pero que son igualmente valiosos. Al destacar estos beneficios, puedes diferenciar tu oferta y aumentar su atractivo.

Crea una estrategia de "copywriting de desafío", donde retas a tus clientes a superar obstáculos o alcanzar metas específicas utilizando tu producto o servicio. Al plantear un desafío y ofrecer tu solución como una herramienta para superarlo, puedes aumentar la motivación y el compromiso del cliente.

Emplea el "copywriting de recompensa instantánea", donde enfatizas los beneficios inmediatos que los clientes pueden obtener al utilizar tu producto o servicio. Al destacar la gratificación instantánea, puedes captar la atención y el interés de tu audiencia de manera efectiva.

Utiliza la técnica de "copywriting de empatía", donde te pones en el lugar de tu audiencia y comunicas tu comprensión de sus necesidades, deseos y desafíos. Al mostrar empatía genuina, puedes construir una conexión más profunda y significativa con tus clientes potenciales.

Experimenta con el "copywriting de revelación gradual", donde revelas información relevante sobre tu producto o servicio de manera progresiva a lo largo del mensaje. Esta técnica puede mantener el interés y la atención del lector mientras construyes el caso para tu oferta.

Aplica el "copywriting de reconocimiento de logros", donde celebras los éxitos y logros de tus clientes y los reconoces por sus esfuerzos. Al destacar los logros de tu audiencia, puedes fortalecer la relación y fomentar la lealtad hacia tu marca.

Emplea el "copywriting de conversación", donde utilizas un tono informal y conversacional en tu mensaje para crear una sensación de cercanía y autenticidad. Al comunicarte con tu audiencia de manera similar a como lo harías en una conversación cara a cara, puedes generar confianza y conexión.

Utiliza la técnica de "copywriting de incertidumbre controlada", donde reconoces las preocupaciones o dudas que puedan tener tus clientes potenciales y proporcionas información y garantías para abordarlas de manera efectiva. Al manejar la incertidumbre de manera proactiva, puedes reducir las barreras para la compra y aumentar la confianza en tu marca.

Experimenta con el "copywriting de gamificación", donde conviertes el proceso de venta en una experiencia interactiva y divertida para los clientes. Utiliza elementos de juegos, como desafíos, recompensas y competiciones, para involucrar a tu audiencia y aumentar el interés en tu producto o servicio.

Utiliza el "copywriting de sinergia", donde destacas cómo tu oferta se integra perfectamente con otros productos o servicios complementarios para ofrecer una solución completa a las necesidades del cliente. Al resaltar las sinergias entre tu producto y otros elementos del ecosistema del cliente, puedes aumentar su valor percibido.

Aplica el "copywriting de exclusividad temporal", donde promocionas ofertas o productos exclusivos que solo están disponibles por un tiempo limitado. Al crear un sentido de urgencia y escasez, puedes motivar a los clientes a tomar medidas rápidas y aprovechar la oportunidad antes de que desaparezca.

Crea una estrategia de "copywriting de escalada de compromiso", donde guías a los clientes a través de una serie de pasos pequeños y progresivos para comprometerse cada vez más con tu marca. Desde suscripciones gratuitas hasta pruebas de productos, este enfoque gradual puede aumentar la confianza y la lealtad del cliente.

Emplea el "copywriting de curiosidad provocativa", donde despiertas la curiosidad de los clientes al plantear preguntas intrigantes o presentar enigmas que solo se resuelven al interactuar con tu marca. Este enfoque puede generar interés y mantener a los clientes comprometidos mientras exploran más sobre tu oferta.

Utiliza la técnica de "copywriting de transformación", donde pintas un vívido cuadro del antes y el después de utilizar tu producto o servicio, destacando cómo puede cambiar positivamente la vida o el negocio del cliente. Al mostrar una transformación tangible, puedes inspirar a los clientes a tomar acción.

Experimenta con el "copywriting de promesa cumplida", donde te comprometes a cumplir una promesa específica con tus clientes y proporcionas evidencia o garantías para respaldar esa promesa. Al mostrar tu integridad y responsabilidad, puedes construir una relación de confianza con tu audiencia.

Aplica el "copywriting de lealtad recompensada", donde recompensas a los clientes por su lealtad continua con ofertas exclusivas, descuentos especiales o acceso privilegiado a nuevos productos o servicios. Al valorar a tus clientes leales, puedes fomentar la retención y el boca a boca positivo.

Emplea el "copywriting de reconocimiento de comunidad", donde resaltas la comunidad en torno a tu marca y cómo los clientes forman parte de algo más grande al elegir tu producto o servicio. Al promover un sentido de pertenencia, puedes fortalecer la conexión emocional con tu audiencia.

Utiliza la técnica de "copywriting de cambio de perspectiva", donde desafías las percepciones convencionales o los puntos de vista preexistentes de los clientes y los invitas a ver tu producto o servicio desde una nueva perspectiva. Al abrir sus mentes a nuevas posibilidades, puedes generar interés y compromiso con tu oferta.

Prueba con el "copywriting de conexión emocional", donde utilizas metáforas y analogías para conectar tus productos o servicios con las emociones y experiencias profundas de tu audiencia. Al despertar sentimientos genuinos, puedes generar una conexión emocional duradera con tu marca.

Utiliza el "copywriting de misterio revelado", donde despiertas la curiosidad de tus lectores al presentar un enigma o pregunta intrigante al principio del mensaje y luego lo resuelves de manera impactante más adelante. Esta técnica mantiene a tus lectores comprometidos y ansiosos por descubrir más.

Aplica el "copywriting de autoridad empoderadora", donde demuestras tu experiencia y conocimiento en tu industria al proporcionar datos, estadísticas y estudios de casos relevantes. Al posicionarte como un líder de pensamiento, puedes ganarte la confianza y el respeto de tu audiencia.

Crea una estrategia de "copywriting de ventaja competitiva", donde destacas las características únicas y ventajas de tu producto o servicio en comparación con la competencia. Al resaltar lo que te hace diferente, puedes persuadir a los clientes potenciales de que elijan tu oferta sobre otras.

Emplea el "copywriting de testimonio transformador", donde compartes historias reales de clientes que han experimentado resultados significativos al utilizar tu producto o servicio. Estos testimonios auténticos pueden influir poderosamente en la toma de decisiones de otros clientes potenciales.

Utiliza la técnica de "copywriting de pregunta provocadora", donde planteas preguntas desafiantes o reflexivas que hacen que tus lectores piensen y consideren su situación actual. Al abrir un diálogo interno, puedes generar interés y motivar a tus lectores a buscar soluciones.

Experimenta con el "copywriting de beneficio aspiracional", donde presentas tu producto o servicio como una herramienta para alcanzar los sueños y aspiraciones de tus clientes. Al asociar tu oferta con aspiraciones profundas, puedes aumentar su valor percibido y atractivo.

Aplica el "copywriting de acción inmediata", donde utilizas un lenguaje persuasivo y llamados a la acción claros y directos para motivar a tus lectores a tomar medidas inmediatas, como realizar una compra o registrarse en tu lista de correo electrónico. Al crear un sentido de urgencia, puedes aumentar las conversiones.

Emplea el "copywriting de gratitud sincera", donde expresas tu aprecio genuino hacia tus clientes por su apoyo y lealtad a tu marca. Al mostrar gratitud, puedes fortalecer la conexión emocional con tus clientes y fomentar relaciones duraderas.

Utiliza la técnica de "copywriting de sorpresa positiva", donde incorporas elementos inesperados y agradables en tus mensajes para sorprender y deleitar a tus lectores. Estas sorpresas inesperadas pueden generar una impresión memorable y positiva de tu marca.

Experimenta con el poder de la narrativa, utilizando historias cautivadoras que resuenen con las experiencias y emociones de tu audiencia para conectar de manera más profunda con ellos y hacer que tu mensaje sea memorable.

Integra elementos visuales impactantes en tu copy, como gráficos llamativos, fotografías inspiradoras o videos envolventes, para complementar y reforzar tu mensaje de una manera que capture la atención y genere interés.

Utiliza una voz auténtica y única en tu copy, mostrando la personalidad de tu marca y comunicándote con tu audiencia de una manera genuina que construya confianza y establezca una conexión emocional.

Aprovecha la psicología del color en tu copy, eligiendo cuidadosamente los colores que evocan las emociones y asociaciones deseadas en tu audiencia para influir sutilmente en sus percepciones y comportamientos.

Implementa la técnica de la anticipación en tu copy, creando expectativas y generando interés al insinuar futuras revelaciones o beneficios que inciten a tus lectores a seguir leyendo para descubrir más.

Emplea el storytelling en tu copy para presentar tus productos o servicios de una manera más envolvente y convincente, utilizando personajes, conflictos y resoluciones para ilustrar cómo tu oferta puede mejorar la vida de tus clientes.

Utiliza la persuasión sutil en tu copy, empleando técnicas como la reciprocidad, la consistencia y la prueba social para influir en las decisiones de compra de tus clientes sin que se sientan presionados o manipulados.

Incorpora la empatía en tu copy, demostrando una comprensión profunda de los desafíos y necesidades de tu audiencia y mostrando cómo tu producto o servicio puede resolver sus problemas y satisfacer sus deseos.

Aprovecha el poder de la exclusividad en tu copy, creando una sensación de privilegio y pertenencia al ofrecer ofertas o acceso a productos o contenido exclusivos que solo están disponibles para un grupo selecto de personas.

Utiliza el humor de manera estratégica en tu copy, empleando el ingenio y la creatividad para generar una respuesta positiva en tu audiencia y hacer que tu mensaje sea más memorable y compartible.

Incorpora el poder de la anticipación en tu copy, creando un sentido de intriga y emoción al adelantar futuros lanzamientos, eventos o contenido exclusivo. Al mantener a tu audiencia en vilo, puedes generar expectativas y aumentar la participación en torno a tu marca.

Utiliza el principio de la escasez en tu copy, destacando la disponibilidad limitada de tu producto o servicio para crear un sentido de urgencia y motivar a tus clientes a actuar rápidamente. Al enfatizar la exclusividad y la demanda alta, puedes aumentar la percepción de valor y la tasa de conversión.

Experimenta con la técnica del "paso a paso" en tu copy, guiando a tus clientes a través de un proceso fácil y claro para alcanzar sus objetivos. Al desglosar la información en pasos simples y fáciles de seguir, puedes hacer que tu oferta sea más accesible y atractiva para tu audiencia.

Aplica el principio de la reciprocidad en tu copy, ofreciendo algo valioso de forma gratuita a tus clientes potenciales como un gesto de buena voluntad. Ya sea a través de contenido educativo, muestras de productos o descuentos exclusivos, este acto de generosidad puede ayudar a construir una relación más sólida con tu audiencia.

Explota el poder de la autoridad en tu copy, demostrando tu experiencia y conocimiento en tu campo para ganarte la confianza de tu audiencia. Al presentarte como una autoridad en tu industria, puedes aumentar tu credibilidad y persuadir a tus clientes potenciales a elegir tu oferta sobre la de la competencia.

Utiliza la técnica de la segmentación en tu copy, adaptando tu mensaje para diferentes segmentos de tu audiencia con el fin de hacerlo más relevante y personalizado. Al dirigirte específicamente a las necesidades y deseos de cada grupo demográfico, puedes aumentar la conexión emocional y la respuesta a tu copy.

Experimenta con el poder de la pregunta en tu copy, involucrando a tu audiencia al hacer preguntas que los hagan reflexionar sobre sus necesidades y deseos. Al despertar su curiosidad y hacerlos pensar, puedes generar un mayor interés en tu oferta y aumentar la participación.

Utiliza la técnica del "storyselling" en tu copy, integrando historias convincentes que ilustren cómo tu producto o servicio ha transformado la vida de tus clientes. Al contar historias reales y emocionantes, puedes demostrar el valor de tu oferta de una manera más auténtica y persuasiva.

Aprovecha el poder del testimonio social en tu copy, destacando las experiencias positivas de tus clientes para generar confianza y credibilidad. Al mostrar testimonios reales y satisfactorios, puedes ayudar a disipar las dudas y objeciones de tus clientes potenciales y alentarlos a tomar medidas.

Experimenta con el principio de la congruencia en tu copy, asegurándote de que tu mensaje y tu oferta estén alineados con las expectativas y necesidades de tu audiencia. Al mantener la coherencia en tu copy, puedes construir una relación más sólida y duradera con tus clientes potenciales.

577 formas de ganar dinero con ChatGPT

En la era digital actual, la inteligencia artificial está revolucionando la forma en que interactuamos con la tecnología y entre nosotros.

ChatGPT, una de las últimas innovaciones en este campo, ha demostrado ser una herramienta versátil y poderosa que puede utilizarse en una amplia gama de aplicaciones.

Desde asistencia virtual hasta generación de contenido, ChatGPT ha abierto un mundo de posibilidades para aquellos que buscan aprovechar su potencial.

Esta guía está diseñada para explorar diversas oportunidades para monetizar el uso de ChatGPT. Ya sea que seas un emprendedor que busca nuevas formas de generar ingresos, un desarrollador interesado en integrar ChatGPT en tus proyectos, o simplemente alguien curioso por descubrir cómo puedes sacar el máximo provecho de esta tecnología, esta guía está aquí para ayudarte.

Exploraremos una amplia variedad de métodos y estrategias para aprovechar ChatGPT y convertirlo en una fuente de ingresos. Desde la creación de contenido hasta la asistencia virtual, desde la consultoría hasta la generación de ideas de negocio, esta guía te proporcionará ideas prácticas y consejos útiles para empezar a ganar dinero con ChatGPT desde hoy mismo.

Ya sea que estés buscando un ingreso adicional o estés interesado en construir una carrera en torno a la inteligencia artificial, esta guía te proporcionará el conocimiento y la inspiración que necesitas para empezar. ¡Prepárate para descubrir un mundo de posibilidades !

Asistente Personal Virtual: Desarrolla un asistente virtual impulsado por ChatGPT que pueda realizar tareas como programar citas, gestionar correos electrónicos y proporcionar recomendaciones personalizadas.

Automatización del Soporte al Cliente: Utiliza ChatGPT para automatizar el soporte al cliente al manejar consultas comunes y proporcionar respuestas instantáneas.

Generación de Contenido: Crea una plataforma que utilice ChatGPT para generar artículos de alta calidad, entradas de blog y contenido para redes sociales sobre diversos temas.

Servicio de Traducción de Idiomas: Desarrolla un servicio de traducción de idiomas que utilice ChatGPT para proporcionar traducciones en tiempo real para empresas y particulares.

Constructor de Currículums Vitae: Crea una herramienta basada en ChatGPT que ayude a los usuarios a crear currículums profesionales ofreciendo sugerencias y consejos de formato.

Apoyo en Salud Mental: Desarrolla un sistema de apoyo en salud mental impulsado por ChatGPT que pueda ofrecer consejos personalizados, estrategias de afrontamiento y ánimo.

Comprador Personal en Comercio Electrónico: Crea un asistente de compras personales impulsado por ChatGPT que ayude a los clientes a encontrar y comprar productos según sus preferencias y necesidades.

Compañero de Aprendizaje: Construye una plataforma educativa que utilice ChatGPT para proporcionar experiencias de aprendizaje interactivas y personalizadas para estudiantes de todas las edades.

Aprendizaje de Idiomas: Desarrolla una aplicación de aprendizaje de idiomas que utilice ChatGPT para proporcionar práctica conversacional, ejercicios de vocabulario y explicaciones gramaticales.

Gestor de Redes Sociales: Crea una herramienta basada en ChatGPT que ayude a las empresas a gestionar sus cuentas en redes sociales ofreciendo contenido, interactuando con seguidores y analizando el rendimiento.

Asesoramiento Legal: Construye una plataforma impulsada por ChatGPT que proporcione asesoramiento legal básico y orientación a particulares y pequeñas empresas.

Planificador de Viajes: Desarrolla un planificador de viajes basado en ChatGPT que sugiera destinos, cree itinerarios y proporcione información sobre vuelos, alojamientos y atracciones.

Planificación Financiera: Crea una herramienta de planificación financiera impulsada por ChatGPT que ofrezca consejos de presupuesto personalizados, recomendaciones de inversión y planificación de jubilación.

Resumen de Noticias: Desarrolla una plataforma de agregación de noticias que utilice ChatGPT para generar resúmenes concisos e informativos de eventos actuales.

Asesor Inmobiliario: Crea una herramienta basada en ChatGPT que ayude a los usuarios a encontrar y evaluar propiedades inmobiliarias según sus preferencias y presupuesto.

Entrenador de Fitness: Desarrolla un entrenador de fitness basado en ChatGPT que ofrezca rutinas de ejercicio personalizadas, consejos de nutrición y motivación.

Estilista Personal: Construye una herramienta de estilismo personal basada en ChatGPT que ayude a los usuarios a elegir outfits, accesorios y peinados según su tipo de cuerpo, ocasión y preferencias.

Corrección de Idioma: Crea un servicio de corrección de idioma basado en ChatGPT que ayude a los usuarios a mejorar sus habilidades de escritura ofreciendo sugerencias de gramática y estilo.

Planificador de Eventos: Desarrolla una herramienta de planificación de eventos basada en ChatGPT que asista a los usuarios en la organización de fiestas, conferencias y bodas proporcionando sugerencias y gestionando detalles.

Generador de Recetas: Construye un generador de recetas basado en ChatGPT que ofrezca recetas personalizadas según las restricciones dietéticas, ingredientes disponibles y preferencias personales.

Automatización del Hogar: Crea un sistema de automatización del hogar basado en ChatGPT que permita a los usuarios controlar dispositivos inteligentes a través de comandos de voz o texto.

Preparación para Entrevistas de Trabajo: Desarrolla una herramienta basada en ChatGPT que simule entrevistas de trabajo y proporcione retroalimentación sobre respuestas, lenguaje corporal y desempeño general.

Asistente de Finanzas Personales: Construye un asistente de finanzas personales basado en ChatGPT que rastree gastos, establezca metas financieras y ofrezca consejos personalizados para ahorrar dinero.

Revisión de Código: Crea un sistema de revisión de código basado en ChatGPT que asista a los programadores proporcionando retroalimentación, sugiriendo optimizaciones y resaltando posibles problemas.

Consejos de Relaciones: Desarrolla una plataforma basada en ChatGPT que ofrezca consejos de relaciones, tips para citas y sugerencias para mejorar la comunicación.

Recomendaciones de Libros Personalizadas: Crea un servicio de recomendación de libros basado en ChatGPT que sugiera libros según los intereses, géneros y preferencias de lectura de los usuarios.

Planificador de Renovación del Hogar: Construye un planificador de renovación del hogar basado en ChatGPT que asista a los usuarios en la selección de diseños, materiales y contratistas para sus proyectos de remodelación.

Clases Virtuales de Fitness: Desarrolla una plataforma basada en ChatGPT que ofrezca clases virtuales de fitness con instrucciones personalizadas, modificaciones y seguimiento del progreso.

Evaluación de Competencia Lingüística: Crea una herramienta de evaluación de competencia lingüística basada en ChatGPT que evalúe las habilidades lingüísticas de los usuarios y ofrezca recomendaciones para mejorar.

Guía Turística Virtual: Construye una guía turística virtual basada en ChatGPT que proporcione recorridos interactivos de destinos populares, lugares emblemáticos y museos.

Ideas del Mercado de Valores: Desarrolla una plataforma basada en ChatGPT que ofrezca ideas del mercado de valores en tiempo real, análisis de tendencias y estrategias de inversión.

Composición Musical: Crea una herramienta de composición musical basada en ChatGPT que genere melodías originales, progresiones de acordes y armonías según las preferencias de los usuarios.

Revisión de Currículum: Construye un servicio de revisión de currículum basado en ChatGPT que analice currículums, ofrezca retroalimentación y sugiera mejoras para optimizar el éxito en la búsqueda de empleo.

Recomendaciones de Moda Personalizadas: Desarrolla un sistema de recomendación de moda basado en ChatGPT que sugiera prendas de vestir, accesorios y estilos según las preferencias y tipo de cuerpo de los usuarios.

Coach de Desarrollo Personal: Crea un coach de desarrollo personal basado en ChatGPT que proporcione orientación, motivación y planes de acción para el crecimiento personal y el éxito.

Guía de Meditación y Atención Plena: Construye una guía de meditación y atención plena basada en ChatGPT que ofrezca sesiones de meditación guiada, ejercicios de respiración y técnicas de relajación.

Gestión de Cartera de Inversiones: Desarrolla una herramienta de gestión de cartera de inversiones basada en ChatGPT que analice las carteras de los usuarios, ofrezca estrategias de diversificación y monitoree las tendencias del mercado.

Asistente de Búsqueda de Empleo: Crea un asistente de búsqueda de empleo basado en ChatGPT que ayude a los usuarios a encontrar oportunidades laborales, prepare currículums y cartas de presentación personalizadas y proporcione consejos para entrevistas.

Recomendaciones de Equipamiento de Entrenamiento Personalizadas: Construye una plataforma basada en ChatGPT que sugiera equipamiento de entrenamiento y accesorios según los objetivos de fitness, preferencias y presupuesto de los usuarios.

Consultor de Diseño de Interiores: Desarrolla un consultor de diseño de interiores basado en ChatGPT que ofrezca recomendaciones de muebles, combinaciones de colores y decoración según las preferencias y el espacio de los usuarios.

Recomendaciones de Viajes Personalizadas: Crea un servicio de recomendación de viajes basado en ChatGPT que sugiera destinos, actividades y alojamientos según los intereses y presupuestos de los usuarios.

Nutrición y Planificación de Comidas: Construye una herramienta de nutrición y planificación de comidas basada en ChatGPT que ofrezca planes de comidas personalizados, recetas y recomendaciones dietéticas.

Recomendaciones de Cursos en Línea: Desarrolla una plataforma basada en ChatGPT que sugiera cursos en línea y recursos de aprendizaje según los intereses, objetivos y nivel de habilidad de los usuarios.

Entrenador de Pronunciación de Idiomas: Crea un entrenador de pronunciación de idiomas basado en ChatGPT que proporcione retroalimentación auditiva, ejercicios y consejos para mejorar las habilidades de pronunciación de los usuarios.

Asistente de Productividad Personalizado: Construye un asistente de productividad basado en ChatGPT que ayude a los usuarios a gestionar su tiempo, establecer objetivos y priorizar tareas para aumentar la eficiencia.

Generador Virtual de Documentos Legales: Desarrolla una plataforma basada en ChatGPT que genere documentos legales, como contratos y acuerdos, según las necesidades y requisitos específicos de los usuarios.

Itinerarios de Viaje Personalizados: Crea un planificador de itinerarios de viaje basado en ChatGPT que sugiera planes día a día, atracciones y actividades adaptadas a las preferencias y duración del viaje de los usuarios.

Asistencia en Documentos Legales: Desarrolla una plataforma basada en ChatGPT que ayude a los usuarios a crear y personalizar documentos legales como testamentos, contratos y acuerdos.

Recomendaciones de Viajes Personalizadas: Crea un servicio de recomendación de viajes basado en ChatGPT que sugiera destinos, atracciones y alojamientos según las preferencias, presupuesto e historial de viajes de los usuarios.

Análisis de Tendencias de Moda: Construye una herramienta de análisis de tendencias de moda basada en ChatGPT que proporcione información sobre las últimas tendencias de moda, estilos y marcas para ayudar a las empresas a tomar decisiones informadas.

Tutoría de Idiomas Virtual: Desarrolla un servicio de tutoría de idiomas virtual basado en ChatGPT que ofrezca lecciones de idiomas personalizadas, explicaciones de gramática y práctica de conversación.

Registro de Salud Mental: Crea una plataforma de registro de salud mental basada en ChatGPT que proporcione preguntas, reflexiones y estrategias de afrontamiento para ayudar a los usuarios a gestionar sus emociones y bienestar.

Consejos Financieros Personalizados: Construye una plataforma de consejos financieros basada en ChatGPT que ofrezca consejos personalizados sobre ahorro, presupuesto, inversión y gestión de finanzas personales.

Copywriting con Inteligencia Artificial: Desarrolla una herramienta de copywriting basada en ChatGPT que genere copias persuasivas de anuncios, contenido de marketing y descripciones de productos para empresas.

Recomendaciones Personalizadas de Decoración del Hogar: Crea un servicio de recomendación de decoración del hogar basado en ChatGPT que sugiera muebles, accesorios y decoración según las preferencias, estilo y presupuesto de los usuarios.

Plataforma de Desafíos de Fitness: Construye una plataforma de desafíos de fitness basada en

ChatGPT que ofrezca desafíos de entrenamiento, siga el progreso y brinde apoyo motivacional a los usuarios.

Entrenador Profesional Virtual: Desarrolla un entrenador profesional virtual basado en ChatGPT que ofrezca orientación, consejos profesionales y tips de preparación para entrevistas para ayudar a las personas a navegar por sus trayectorias profesionales.

Intercambio de Idiomas Virtual: Crea una plataforma basada en ChatGPT que facilite el intercambio de idiomas virtual entre usuarios, permitiéndoles practicar hablar y escribir en diferentes idiomas.

Sugerencias de Regalos Personalizados: Construye un servicio de sugerencias de regalos basado en ChatGPT que recomiende ideas de regalos personalizados para diversas ocasiones según las preferencias, intereses y relaciones de los usuarios.

Asistente de Investigación Legal: Desarrolla un asistente de investigación legal basado en ChatGPT que ayude a abogados y profesionales legales a encontrar casos relevantes, estatutos y precedentes legales.

Analizador de Influencers en Redes Sociales: Crea una plataforma basada en ChatGPT que analice el compromiso, alcance y demografía de los influencers en redes sociales para ayudar a las empresas a tomar decisiones informadas sobre marketing de influencers.

Generador de Listas de Reproducción de Música Personalizadas: Construye un generador de listas de reproducción de música basado en ChatGPT que cree listas de reproducción personalizadas según el estado de ánimo, las preferencias de género y la actividad de los usuarios.

Analítica Empresarial con Inteligencia Artificial ChatGPT Prompts

Analítica Empresarial con Inteligencia Artificial: Desarrolla una herramienta de analítica empresarial basada en ChatGPT que analice datos, genere informes y proporcione información para ayudar a las empresas a tomar decisiones basadas en datos.

Planes de Entrenamiento Personalizados en Casa: Crea una plataforma basada en ChatGPT que genere planes de entrenamiento personalizados en casa según los objetivos de fitness, la disponibilidad de equipos y las limitaciones de tiempo de los usuarios.

Coach de Vida Virtual: Construye un coach de vida virtual basado en ChatGPT que proporcione orientación, establecimiento de metas y estrategias de desarrollo personal para ayudar a las personas a alcanzar el éxito y la realización.

Selección de CV con Inteligencia Artificial: Desarrolla una herramienta de selección de CV basada en ChatGPT que analice currículums, empareje candidatos con requisitos de trabajo y seleccione posibles candidatos para reclutadores.

Recomendaciones de Productos Personalizadas: Crea un motor de recomendación de productos basado en ChatGPT que sugiera productos relevantes según las preferencias, historial de compras y reseñas de los usuarios.

Investigación de Mercado con Inteligencia Artificial: Construye una herramienta de investigación de mercado basada en ChatGPT que recopile datos, analice tendencias del consumidor y proporcione información para ayudar a las empresas a identificar oportunidades de mercado.

Recomendaciones Personalizadas de Belleza y Cuidado de la Piel: Crea un servicio de recomendación de belleza y cuidado de la piel basado en ChatGPT que sugiera productos según el tipo de piel, preocupaciones y preferencias de los usuarios.

Asesoramiento de Inversiones con Inteligencia Artificial: Desarrolla una plataforma de asesoramiento de inversiones basada en ChatGPT que ofrezca estrategias de inversión personalizadas, optimización de cartera e información de mercado.

Organización de Eventos Virtuales: Construye un servicio de organización de eventos virtuales basado en ChatGPT que facilite conferencias en línea, webinars y talleres con funciones interactivas y asistencia en tiempo real.

Monitoreo de Salud con Inteligencia Artificial: Crea una herramienta de monitoreo de salud basada en ChatGPT que siga los datos de salud de los usuarios, proporcione información y ofrezca recomendaciones personalizadas para mantener el bienestar.

Desarrollo Profesional Personalizado: Desarrolla una plataforma de desarrollo profesional basada en

ChatGPT que ofrezca orientación personalizada, evaluaciones de habilidades y recomendaciones de carrera.

Curación de Contenido con Inteligencia Artificial: Construye una plataforma de curación de contenido basada en ChatGPT que reúna, filtre y recomiende artículos, publicaciones de blog y noticias relevantes según los intereses y preferencias de los usuarios.

interpretación de Idiomas Virtual: Crea un servicio de interpretación de idiomas virtual basado en ChatGPT que proporcione interpretación en tiempo real para reuniones, conferencias y eventos.

Retroalimentación de Diseño UX/UI con Inteligencia Artificial: Desarrolla una herramienta basada en ChatGPT que ofrezca retroalimentación y sugerencias sobre diseños de interfaz de usuario (UI) y experiencia de usuario (UX) para mejorar la usabilidad y el compromiso.

Experiencias de Meditación Personalizadas: Crea una aplicación de meditación basada en ChatGPT que ofrezca sesiones de meditación guiada adaptadas a las preferencias, objetivos y niveles de estrés de los usuarios.

Moderación de Contenido con Inteligencia Artificial: Construye un sistema de moderación de contenido basado en ChatGPT que analice y filtre el contenido generado por los usuarios en busca de elementos inapropiados o dañinos.

Mediación Legal Virtual: Desarrolla una plataforma de mediación legal virtual basada en ChatGPT que facilite la resolución de disputas y proporcione orientación a las partes involucradas.

Publicidad Personalizada con Inteligencia Artificial: Crea una plataforma publicitaria basada en ChatGPT que entregue anuncios dirigidos y personalizados según las preferencias, demografía y comportamiento de los usuarios.

Planificación de Vida Virtual: Construye un servicio de planificación de vida virtual basado en ChatGPT que ayude a los usuarios a establecer metas, crear planes de acción y realizar un seguimiento del progreso para el desarrollo personal y profesional.

Pronóstico de Mercado con Inteligencia Artificial: Desarrolla una herramienta de pronóstico de mercado basada en ChatGPT que analice las tendencias del mercado, prediga resultados futuros y ayude a las empresas a tomar decisiones estratégicas.

Optimización Energética del Hogar Personalizada: Crea una plataforma basada en ChatGPT que ofrezca recomendaciones para prácticas, dispositivos y soluciones energéticamente eficientes adaptadas a los hogares y estilos de vida de los usuarios.

Análisis de Sentimientos del Cliente con Inteligencia Artificial: Construye un sistema de análisis de sentimientos del cliente basado en

ChatGPT que analice comentarios de clientes, reseñas y datos de redes sociales para evaluar el sentimiento de la marca.

Nutricionista Virtual: Desarrolla un nutricionista virtual basado en ChatGPT que proporcione consejos dietéticos personalizados, planes de comidas e información nutricional según los objetivos de salud y las preferencias de los usuarios.

Detección de Fraudes con Inteligencia Artificial: Crea un sistema de detección de fraudes basado en ChatGPT que analice patrones, comportamientos y transacciones para identificar y prevenir actividades fraudulentas.

Recomendaciones de Cuidado de Mascotas Personalizadas: Construye un servicio de recomendaciones de cuidado de mascotas basado en ChatGPT que ofrezca consejos, productos y recursos adaptados a la raza, edad y necesidades de las mascotas de los usuarios.

Entrenamiento Virtual de Liderazgo: Desarrolla un programa de entrenamiento de liderazgo virtual basado en ChatGPT que ofrezca módulos, coaching y retroalimentación para mejorar las habilidades y la efectividad del liderazgo.

Análisis de Sentimientos en Redes Sociales con Inteligencia Artificial: Crea una herramienta de análisis de sentimientos en redes sociales basada en ChatGPT que rastree menciones de marca, analice el sentimiento y proporcione información para la gestión de la reputación.

Asistente Virtual con Inteligencia Artificial: Desarrolla un asistente virtual basado en ChatGPT que brinde soporte personalizado, programe citas y ayude con diversas tareas.

Listas de Empaque para Viajes Personalizadas: Crea una plataforma basada en ChatGPT que genere listas de empaque personalizadas según el destino, la duración del viaje y las actividades de los usuarios.

Traducción de Contenido con Inteligencia Artificial: Construye una herramienta de traducción de contenido basada en ChatGPT que ofrezca traducción precisa y natural de contenido escrito.

Comprador Personal Virtual: Desarrolla un comprador personal virtual basado en ChatGPT que recomiende y compre productos en nombre de los usuarios según sus preferencias y necesidades.

Escritura de Currículum con Inteligencia Artificial: Crea un servicio de escritura de currículums basado en ChatGPT que genere currículums profesionales adaptados a las habilidades, experiencias y requisitos de la industria de los usuarios.

Asistente de Hogar Virtual: Construye un asistente de hogar virtual basado en ChatGPT que controle dispositivos inteligentes, administre tareas domésticas y proporcione recomendaciones personalizadas.

Educación en Inversiones Personalizada: Desarrolla una plataforma de educación en inversiones basada en ChatGPT que ofrezca tutoriales, recursos y lecciones interactivas para ayudar a las personas a aprender sobre inversiones.

Revisión de Documentos Legales con Inteligencia Artificial: Crea un sistema de revisión de documentos legales basado en ChatGPT que analice y proporcione sugerencias para mejorar documentos legales.

Estilista Personal Virtual: Construye un estilista personal virtual basado en ChatGPT que ofrezca consejos de moda, sugerencias de atuendos y recomendaciones de compras según las preferencias y el tipo de cuerpo de los usuarios.

Recomendaciones de Recetas Personalizadas: Desarrolla un servicio de recomendación de recetas basado en ChatGPT que sugiera recetas según las restricciones dietéticas, los ingredientes disponibles y las preferencias de los usuarios.

Análisis de Sentimientos basado en IA para la Reputación de Marca: Crea una herramienta de análisis de sentimientos basada en ChatGPT que monitoree y analice conversaciones en línea para evaluar la reputación de la marca y el sentimiento del cliente.

Aprendizaje de idiomas, datos e investigación

Evaluación de Idiomas Virtual: Construye una herramienta de evaluación de idiomas virtual basada en ChatGPT que evalúe la competencia lingüística de los usuarios y proporcione retroalimentación personalizada y recursos de aprendizaje.

Consulta Personalizada de Seguridad del Hogar: Desarrolla un servicio de consulta de seguridad del hogar basado en ChatGPT que brinde recomendaciones sobre sistemas de seguridad, dispositivos y medidas para los hogares de los usuarios.

Análisis de Datos basado en IA: Crea una herramienta de análisis de datos basada en ChatGPT que ayude a las empresas a procesar e interpretar conjuntos de datos complejos con fines de toma de decisiones.

Entrenamiento de Habilidades Profesionales Virtual: Construye un programa de entrenamiento de habilidades profesionales virtual basado en ChatGPT que ofrezca módulos interactivos, simulaciones y evaluaciones para mejorar las habilidades profesionales.

Recursos de Salud Mental Personalizados: Desarrolla una plataforma basada en ChatGPT que ofrezca recursos de salud mental personalizados, estrategias de afrontamiento y referencias a terapia según las necesidades de los usuarios.

Gestión de Redes Sociales basada en IA: Crea una herramienta de gestión de redes sociales basada en ChatGPT que automatice la programación de contenido, analice el compromiso y proporcione recomendaciones de contenido.

Entrenamiento Virtual de Nutrición: Construye un servicio de entrenamiento virtual de nutrición basado en ChatGPT que ofrezca planes de alimentación personalizados, consejos dietéticos y responsabilidad para los objetivos de salud de los usuarios.

Consejos de Parentalidad Personalizados: Desarrolla una plataforma de consejos de crianza basada en ChatGPT que proporcione sugerencias, consejos y recursos adaptados a las edades y etapas de desarrollo de los hijos de los usuarios.

Chatbot de Servicio al Cliente basado en IA: Crea un chatbot de servicio al cliente basado en ChatGPT que maneje consultas de clientes, brinde soporte y resuelva problemas comunes.

Preparación Virtual para Entrevistas de Trabajo: Construye un servicio de preparación virtual para entrevistas de trabajo basado en ChatGPT que ofrezca entrevistas simuladas, retroalimentación y consejos para el éxito en las entrevistas.

Coach de Salud, Fitness y Bienestar

Desafíos de Fitness Personalizados: Desarrolla una plataforma basada en ChatGPT que ofrezca desafíos de fitness personalizados, planes de entrenamiento y seguimiento del progreso para los viajes de fitness de los usuarios.

Coach de Salud y Bienestar: Desarrolla un coach virtual impulsado por ChatGPT que ayude a los usuarios a establecer y alcanzar metas relacionadas con la salud, como pérdida de peso, ejercicio regular y hábitos alimenticios saludables.

Plataforma de Tutoría Académica: Crea una plataforma de tutoría en línea que utilice ChatGPT para conectar a estudiantes con tutores en diferentes materias y ofrecer ayuda personalizada en sus áreas de estudio.

Generador de Ideas para Contenido Creativo: Desarrolla una herramienta que utilice ChatGPT para generar ideas creativas para contenido, como historias, guiones, diseños gráficos y campañas publicitarias.

Asistente de Productividad Personal: Crea un asistente virtual impulsado por ChatGPT que ayude a los usuarios a organizar sus tareas, gestionar su tiempo y mejorar su eficiencia en el trabajo y en la vida diaria.

Plataforma de Mentoría Profesional: Desarrolla una plataforma que conecte a profesionales con mentores en sus campos respectivos, utilizando ChatGPT para facilitar la comunicación y el intercambio de conocimientos.

Asesor de Estilo de Vida Saludable: Construye un asesor virtual que utilice ChatGPT para proporcionar consejos personalizados sobre estilo de vida saludable, incluyendo nutrición, ejercicio, manejo del estrés y sueño adecuado.

Aplicación de Aprendizaje de Habilidades Prácticas: Crea una aplicación que utilice ChatGPT para proporcionar lecciones interactivas y prácticas sobre habilidades prácticas, como cocina, bricolaje, costura o jardinería.

Plataforma de Resolución de Problemas: Desarrolla una plataforma en la que los usuarios puedan plantear problemas o desafíos que enfrentan, y ChatGPT genere soluciones creativas y estrategias para abordarlos.

Entrenador de Desarrollo Personal: Crea un entrenador virtual que utilice ChatGPT para guiar a los usuarios en su desarrollo personal, estableciendo objetivos, identificando obstáculos y proporcionando estrategias para el crecimiento personal.

Generador de Ideas de Negocios: Desarrolla una herramienta que utilice ChatGPT para generar ideas de negocios personalizadas basadas en los intereses, habilidades y recursos disponibles de los usuarios.

Plataforma de Planificación de Eventos Sociales: Construye una plataforma en línea que utilice

ChatGPT para ayudar a los usuarios a planificar eventos sociales, como fiestas, cenas o reuniones, ofreciendo sugerencias de actividades, menús y decoraciones.

Entrenador de Habilidades de Comunicación: Crea un entrenador virtual que utilice ChatGPT para ayudar a los usuarios a mejorar sus habilidades de comunicación verbal y escrita, ofreciendo retroalimentación y ejercicios prácticos.

Plataforma de Empoderamiento Personal: Desarrolla una plataforma en línea que utilice ChatGPT para proporcionar recursos y apoyo emocional a personas que buscan mejorar su autoestima, confianza y resiliencia.

Asistente de Gestión de Proyectos: Construye un asistente virtual que utilice ChatGPT para ayudar a los usuarios a gestionar proyectos, asignar tareas, establecer hitos y realizar un seguimiento del progreso.

Plataforma de Networking Profesional: Crea una plataforma en línea que utilice ChatGPT para conectar a profesionales con intereses similares, facilitando la creación de redes, la colaboración y el intercambio de oportunidades laborales.

Entrenador de Habilidades Sociales: Desarrolla un asistente virtual impulsado por ChatGPT que ayude a los usuarios a mejorar sus habilidades sociales, incluyendo conversación, empatía, y resolución de conflictos.

Plataforma de Tutoría Musical: Crea una plataforma en línea que utilice ChatGPT para conectar a estudiantes con tutores de música, ofreciendo lecciones personalizadas sobre instrumentos, teoría musical, y composición.

Asistente de Gestión del Tiempo: Construye un asistente virtual que utilice ChatGPT para ayudar a los usuarios a administrar su tiempo de manera más efectiva, estableciendo horarios, recordatorios y prioridades.

Entrenador de Oratoria y Presentaciones: Desarrolla un coach virtual que utilice ChatGPT para ayudar a los usuarios a mejorar sus habilidades de hablar en público y hacer presentaciones, ofreciendo consejos sobre estructura, contenido y técnica.

Plataforma de Asesoramiento de Carrera: Crea una plataforma en línea que utilice ChatGPT para proporcionar asesoramiento profesional personalizado, ayudando a los usuarios con decisiones de carrera, búsqueda de empleo, y desarrollo profesional.

Generador de Ideas para Emprendimientos Sociales: Desarrolla una herramienta que utilice ChatGPT para generar ideas de emprendimientos sociales centrados en resolver problemas sociales y ambientales, e impactar positivamente en la comunidad.

Asistente de Búsqueda de Vivienda: Construye un asistente virtual que utilice ChatGPT para ayudar a los usuarios a encontrar viviendas adecuadas para sus necesidades, facilitando la búsqueda, comparación y contacto con agentes inmobiliarios.

Plataforma de Apoyo para Cuidadores: Crea una plataforma en línea que utilice ChatGPT para ofrecer recursos y apoyo emocional a cuidadores de personas mayores, enfermos o con discapacidades, ayudándoles a gestionar el estrés y la carga emocional.

Entrenador de Mindfulness y Meditación: Desarrolla un coach virtual que utilice ChatGPT para guiar a los usuarios en prácticas de mindfulness y meditación, ofreciendo ejercicios guiados, técnicas de respiración, y reflexiones.

Asistente de Planificación de Bodas: Construye un asistente virtual que utilice ChatGPT para ayudar a las parejas a planificar sus bodas, ofreciendo sugerencias de proveedores, listas de tareas, y presupuestos personalizados.

Plataforma de Mentoría para Padres Primerizos: Crea una plataforma en línea que utilice ChatGPT para conectar a padres primerizos con mentores experimentados, proporcionando consejos, recursos y apoyo durante la transición a la paternidad.

Entrenador de Habilidades de Programación: Desarrolla un coach virtual que utilice ChatGPT para ayudar a los usuarios a mejorar sus habilidades de programación, ofreciendo tutoriales, ejercicios prácticos, y proyectos de codificación.

Plataforma de Aprendizaje de Arte y Creatividad: Crea una plataforma en línea que utilice ChatGPT para ofrecer cursos y recursos de aprendizaje sobre arte, creatividad, y expresión artística en diversas disciplinas.

Asistente de Recuperación de Adicciones: Construye un asistente virtual que utilice ChatGPT para brindar apoyo y recursos a personas en proceso de recuperación de adicciones, ayudándoles a mantenerse motivados y conectados con comunidades de apoyo.

Plataforma de Consejería para Adolescentes: Desarrolla una plataforma en línea que utilice ChatGPT para ofrecer consejería y apoyo emocional a adolescentes, abordando temas como la autoestima, las relaciones interpersonales, y el manejo del estrés.

Asistente de Gestión de Proyectos de Investigación: Desarrolla un asistente virtual basado en ChatGPT que ayude a los investigadores a organizar y gestionar proyectos de investigación, manteniendo un seguimiento de los plazos, recursos y resultados.

Plataforma de Mentoring para Estudiantes de Secundaria: Crea una plataforma en línea que utilice ChatGPT para conectar a estudiantes de secundaria con mentores que puedan ofrecer orientación académica, consejos sobre elección de carreras y apoyo emocional.

Entrenador de Habilidades de Debate: Construye un coach virtual que utilice ChatGPT para ayudar a los usuarios a mejorar sus habilidades de debate, proporcionando ejercicios de argumentación, estrategias de persuasión y retroalimentación sobre el rendimiento.

Plataforma de Asesoramiento de Nutrición Infantil: Desarrolla una plataforma en línea que utilice ChatGPT para ofrecer consejos y recursos de nutrición específicamente diseñados para niños y familias, promoviendo hábitos alimenticios saludables desde una edad temprana.

Asistente de Organización de Eventos Escolares: Crea un asistente virtual basado en ChatGPT que ayude a los maestros y administradores escolares a planificar y coordinar eventos escolares, como excursiones, ferias de ciencias y celebraciones.

Plataforma de Apoyo para Familias de Personas con Discapacidades: Desarrolla una plataforma en línea que utilice ChatGPT para proporcionar recursos, información y apoyo emocional a las familias que cuidan a personas con discapacidades, facilitando la navegación por los servicios disponibles y compartiendo experiencias similares.

Entrenador de Habilidades de Escritura Creativa: Construye un coach virtual que utilice ChatGPT para ayudar a los escritores aspirantes a desarrollar sus habilidades de escritura creativa, ofreciendo ejercicios de inspiración, técnicas de narración y retroalimentación sobre sus obras.

Plataforma de Asesoramiento para la Transición a la Vida Universitaria: Crea una plataforma en línea que utilice ChatGPT para brindar orientación y apoyo a estudiantes que están haciendo la transición de la escuela secundaria a la vida universitaria, abordando temas como la adaptación académica, la gestión del tiempo y el bienestar emocional.

Asistente de Gestión de Equipos Deportivos: Desarrolla un asistente virtual basado en ChatGPT que ayude a los entrenadores y gerentes de equipos deportivos a organizar prácticas, programar juegos, y gestionar la logística relacionada con el equipo.

Plataforma de Asesoramiento para Padres Adoptivos: Construye una plataforma en línea que utilice ChatGPT para ofrecer asesoramiento y recursos a padres adoptivos, ayudándoles a navegar por los desafíos únicos asociados con la adopción y proporcionando apoyo emocional durante todo el proceso.

Entrenador de Habilidades de Resolución de Problemas: Crea un coach virtual que utilice ChatGPT para ayudar a los usuarios a mejorar sus habilidades de resolución de problemas, ofreciendo ejercicios prácticos, técnicas de pensamiento crítico y estrategias para abordar problemas complejos.

Plataforma de Apoyo para Cuidadores de Personas Mayores: Desarrolla una plataforma en línea que utilice ChatGPT para proporcionar recursos y apoyo a personas que cuidan a familiares mayores, ofreciendo consejos sobre cuidado personal, gestión del tiempo y manejo del estrés.

Asistente de Organización de Campamentos de Verano: Construye un asistente virtual basado en ChatGPT que ayude a los organizadores de campamentos de verano a planificar actividades, coordinar personal y gestionar la logística necesaria para ejecutar campamentos exitosos.

Plataforma de Asesoramiento para Emprendedores de la Tercera Edad: Crea una plataforma en línea que utilice ChatGPT para ofrecer orientación y recursos a emprendedores de la tercera edad que estén buscando iniciar un nuevo negocio o proyecto después de la jubilación.

Entrenador de Habilidades de Liderazgo para Jóvenes: Desarrolla un coach virtual que utilice ChatGPT para ayudar a jóvenes a desarrollar habilidades de liderazgo, ofreciendo lecciones sobre comunicación efectiva, trabajo en equipo y toma de decisiones éticas.

Plataforma de Asesoramiento para Nuevos Padres de Mascotas: Crea una plataforma en línea que utilice ChatGPT para ofrecer consejos y recursos a nuevos propietarios de mascotas, abordando temas como cuidado básico, entrenamiento y atención veterinaria.

Asistente Virtual de Preparación para Entrevistas de Trabajo: Desarrolla un asistente virtual basado en ChatGPT que ayude a los solicitantes de empleo a prepararse para entrevistas de trabajo, ofreciendo práctica de preguntas comunes, consejos de presentación y retroalimentación personalizada.

Plataforma de Tutoría para Estudiantes de Idiomas Extranjeros: Construye una plataforma en línea que utilice ChatGPT para conectar a estudiantes de idiomas extranjeros con tutores virtuales que puedan proporcionar lecciones personalizadas, práctica de conversación y retroalimentación lingüística.

Entrenador de Habilidades de Manejo del Estrés: Crea un coach virtual que utilice ChatGPT para ayudar a los usuarios a desarrollar habilidades de manejo del estrés, ofreciendo técnicas de relajación, ejercicios de mindfulness y estrategias para afrontar situaciones estresantes.

Apoyo para Padres de Niños con necesidades especiales

Plataforma de Apoyo para Padres de Niños con TDAH: Desarrolla una plataforma en línea que utilice ChatGPT para ofrecer recursos, estrategias y apoyo emocional a padres de niños con trastorno por déficit de atención e hiperactividad (TDAH), ayudándoles a gestionar los desafíos asociados con esta condición.

Asistente de Planificación de Viajes Ecoturísticos: Construye un asistente virtual basado en ChatGPT que ayude a los viajeros a planificar vacaciones ecoturísticas sostenibles, recomendando destinos, actividades y alojamientos que promuevan la conservación del medio ambiente.

Plataforma de Asesoramiento para Jóvenes LGBTQ+: Crea una plataforma en línea que utilice ChatGPT para ofrecer apoyo, recursos y orientación a jóvenes LGBTQ+ que estén enfrentando desafíos relacionados con su identidad, sexualidad y bienestar emocional.

Entrenador de Habilidades de Negociación: Desarrolla un coach virtual que utilice ChatGPT para ayudar a los usuarios a mejorar sus habilidades de negociación, ofreciendo estrategias, técnicas y escenarios de práctica para llegar a acuerdos efectivos en diferentes contextos.

Plataforma de Asesoramiento para Padres de Adolescentes: Construye una plataforma en línea que utilice ChatGPT para ofrecer consejos, recursos y apoyo a padres de adolescentes, abordando temas como comunicación, límites y manejo de conflictos familiares.

Asistente de Organización de Clubes de Lectura: Crea un asistente virtual basado en ChatGPT que ayude a los organizadores de clubes de lectura a seleccionar libros, planificar discusiones y coordinar actividades relacionadas con la lectura.

Plataforma de Asesoramiento para Personas en Proceso de Divorcio: Desarrolla una plataforma en línea que utilice ChatGPT para ofrecer orientación legal, emocional y financiera a personas que están pasando por un proceso de divorcio, ayudándoles a navegar por los desafíos asociados con esta transición.

Entrenador de Habilidades de Gestión del Tiempo para Estudiantes Universitarios: Construye un coach virtual que utilice ChatGPT para ayudar a los estudiantes universitarios a mejorar sus habilidades de gestión del tiempo, ofreciendo técnicas de planificación, programación de tareas y consejos para evitar la procrastinación.

Plataforma de Apoyo para Personas en Recuperación de Adicciones: Crea una plataforma en línea que utilice ChatGPT para proporcionar recursos, consejos y apoyo emocional a personas que están en proceso de recuperación de adicciones, ayudándoles a mantenerse sobrios y saludables.

Asistente de Gestión de Proyectos de Construcción: Desarrolla un asistente virtual basado en ChatGPT que ayude a los gerentes de proyectos de construcción a planificar, coordinar y supervisar el progreso de proyectos de construcción, manteniendo un seguimiento de los plazos, presupuestos y recursos.

Plataforma de Asesoramiento para Adultos Mayores en Ajuste a la Jubilación: Construye una plataforma en línea que utilice ChatGPT para ofrecer orientación, recursos y actividades de enriquecimiento a adultos mayores que estén ajustándose a la vida después de la jubilación, promoviendo un envejecimiento activo y satisfactorio.

Plataforma de Asesoramiento Financiero Personalizado para Jóvenes Profesionales: Desarrolla una plataforma en línea que utilice ChatGPT para ofrecer asesoramiento financiero personalizado a jóvenes profesionales que están comenzando su carrera. Esta plataforma ayudaría a los usuarios a establecer metas financieras, crear presupuestos y planificar para el futuro, proporcionando recomendaciones adaptadas a su situación financiera única.

Asistente Virtual para la Gestión de Proyectos de Investigación Científica: Construye un asistente virtual basado en ChatGPT que ayude a los investigadores científicos a gestionar proyectos de investigación. Este asistente podría ayudar en la organización de datos, la programación de experimentos y la comunicación entre miembros del equipo, facilitando el proceso de investigación y aumentando la eficiencia.

Plataforma de Tutoría en Línea para Adultos en Proceso de Aprendizaje Continuo: Crea una plataforma en línea que utilice ChatGPT para conectar a adultos que están en proceso de aprendizaje continuo con tutores virtuales en una variedad de temas. Esta plataforma ofrecería lecciones personalizadas, recursos de aprendizaje y apoyo individualizado para aquellos que buscan mejorar sus habilidades y conocimientos.

Entrenador de Habilidades de Autoestima y Confianza Personal: Desarrolla un coach virtual basado en ChatGPT que ayude a los usuarios a mejorar su autoestima y confianza personal. Este entrenador proporcionaría ejercicios prácticos, estrategias de superación de obstáculos y consejos para cultivar una mentalidad positiva y segura.

Plataforma de Gestión de Proyectos de Arte y Creatividad: Construye una plataforma en línea que utilice ChatGPT para ayudar a artistas y creativos a gestionar sus proyectos y obras de arte. Esta plataforma permitiría a los usuarios planificar sus proyectos, establecer hitos y recibir retroalimentación sobre su trabajo, facilitando la organización y la colaboración en el mundo del arte.

Asistente de Planificación de Viajes de Aventura y Exploración: Crea un asistente virtual basado en ChatGPT que ayude a los viajeros a planificar viajes de aventura y exploración. Este asistente proporcionaría recomendaciones de destinos, itinerarios personalizados y consejos de seguridad para aquellos que buscan experiencias emocionantes y fuera de lo común.

Plataforma de Apoyo para Familias Multiculturales: Desarrolla una plataforma en línea que utilice ChatGPT para ofrecer apoyo y recursos a familias multiculturales que están criando hijos en entornos biculturales o multilingües. Esta plataforma proporcionaría consejos sobre crianza, recursos educativos y una comunidad de apoyo para estas familias únicas.

Entrenador de Habilidades de Resiliencia y Manejo del Estrés Laboral: Construye un coach virtual basado en ChatGPT que ayude a los profesionales a desarrollar habilidades de resiliencia y manejo del estrés en el lugar de trabajo. Este entrenador ofrecería técnicas de afrontamiento, ejercicios de relajación y estrategias para manejar situaciones estresantes en el trabajo.

Plataforma de Asesoramiento para Profesionales Creativos Independientes: Crea una plataforma en línea que utilice ChatGPT para ofrecer asesoramiento y recursos a profesionales creativos independientes, como escritores, artistas y diseñadores. Esta plataforma proporcionaría consejos sobre gestión de negocios, marketing personal y desarrollo profesional para aquellos que trabajan por cuenta propia en industrias creativas.

Asistente de Gestión de Contenidos Digitales: Desarrolla un asistente virtual basado en ChatGPT que ayude a creadores de contenido digital a gestionar sus plataformas y audiencias en línea. Este asistente podría ayudar en la programación de publicaciones, la optimización del contenido y la interacción con seguidores, facilitando la gestión de la presencia en línea de los creadores.

Plataforma de Asesoramiento para Emprendedores Sociales: Crea una plataforma en línea que utilice ChatGPT para ofrecer asesoramiento y recursos a emprendedores sociales que estén lanzando proyectos con impacto social. Esta plataforma proporcionaría orientación sobre modelos de negocio sostenibles, estrategias de financiación y networking con otros emprendedores sociales.

Asistente de Automatización de Tareas Administrativas: Desarrolla un asistente virtual basado en ChatGPT que ayude a automatizar tareas administrativas en empresas y organizaciones. Este asistente podría gestionar correos electrónicos, programar reuniones, y realizar otras tareas rutinarias, liberando tiempo para que los empleados se enfoquen en actividades más estratégicas.

Plataforma de Asesoramiento para Jubilados que Buscan Oportunidades de Voluntariado: Construye una plataforma en línea que utilice ChatGPT para ayudar a jubilados a encontrar oportunidades de voluntariado significativas y gratificantes. Esta plataforma ofrecería información sobre organizaciones sin fines de lucro, roles de voluntariado disponibles y consejos para una transición exitosa a esta etapa de la vida.

Entrenador de Habilidades de Comunicación Intercultural: Desarrolla un coach virtual basado en ChatGPT que ayude a las personas a mejorar sus habilidades de comunicación intercultural en entornos multiculturales. Este entrenador proporcionaría consejos sobre la comprensión de diferentes culturas, la comunicación efectiva y la resolución de conflictos en contextos interculturales.

Plataforma de Asesoramiento para Padres de Adolescentes con Trastornos del Espectro Autista (TEA): Crea una plataforma en línea que utilice ChatGPT para ofrecer asesoramiento y recursos a padres de adolescentes con trastornos del espectro autista. Esta plataforma proporcionaría información sobre estrategias de manejo, terapias disponibles y apoyo emocional para las familias que enfrentan los desafíos asociados con el TEA.

Asistente de Desarrollo de Habilidades para Personas Mayores: Desarrolla un asistente virtual basado en ChatGPT que ayude a personas mayores a desarrollar nuevas habilidades y mantenerse mentalmente activas. Este asistente ofrecería tutoriales en línea, juegos de entrenamiento cerebral y actividades recreativas adaptadas a las necesidades y preferencias de los usuarios mayores.

Asesoramiento para Estudiantes de Primer Año en la Universidad

Plataforma de Asesoramiento para Estudiantes de Primer Año en la Universidad: Construye una plataforma en línea que utilice ChatGPT para ofrecer asesoramiento y apoyo a estudiantes de primer año en la universidad que están haciendo la transición a la vida universitaria. Esta plataforma proporcionaría consejos sobre cómo adaptarse a la vida en el campus, administrar el tiempo y buscar recursos académicos.

Entrenador de Habilidades de Resolución de Conflictos en el Lugar de Trabajo: Crea un coach virtual basado en ChatGPT que ayude a los profesionales a desarrollar habilidades de resolución de conflictos en el lugar de trabajo. Este entrenador ofrecería técnicas de negociación, estrategias de mediación y consejos para manejar conflictos de manera constructiva en el entorno laboral.

Plataforma de Asesoramiento para Personas en Proceso de Transición de Género: Desarrolla una plataforma en línea que utilice ChatGPT para ofrecer apoyo y recursos a personas en proceso de transición de género. Esta plataforma proporcionaría información sobre servicios de salud, apoyo emocional y orientación legal para aquellos que están navegando por esta fase de su vida.

Asistente de Creación de Contenido para Redes Sociales: Construye un asistente virtual basado en ChatGPT que ayude a creadores de contenido para redes sociales a generar ideas y crear contenido atractivo. Este asistente podría sugerir temas populares, proporcionar inspiración visual y ayudar a redactar subtítulos y descripciones efectivas para publicaciones en redes sociales.

Servicio de Análisis de Sentimientos para Pequeñas Empresas: Ofrece un servicio de análisis de sentimientos personalizado para pequeñas empresas que deseen comprender mejor la percepción de sus clientes en las redes sociales y otras plataformas en línea. Utiliza algoritmos de IA para analizar comentarios y reseñas, y proporciona informes detallados con recomendaciones para mejorar la reputación de la marca.

Plataforma de Traducción Automatizada de Contenido Multimedia: Crea una plataforma que utilice IA para traducir automáticamente contenido multimedia, como videos y podcasts, a múltiples idiomas. Este servicio sería útil para creadores de contenido que deseen expandir su audiencia a nivel internacional.

Sistema de Recomendación de Productos para Tiendas en Línea: Desarrolla un sistema de recomendación de productos basado en IA para tiendas en línea que sugiera productos a los clientes según su historial de compras, comportamiento de navegación y preferencias individuales. Este sistema puede aumentar las ventas al ofrecer recomendaciones personalizadas y relevantes.

Plataforma de Generación de Contenido Automatizado para Blogs y Sitios Web: Crea una plataforma que utilice IA para generar automáticamente contenido de calidad para blogs y sitios web. Esta herramienta sería útil para empresas y bloggers que necesiten publicar contenido regularmente pero que carezcan de tiempo o recursos para crearlo manualmente.

Servicio de Optimización de Procesos Empresariales: Ofrece un servicio de optimización de procesos empresariales utilizando algoritmos de IA para identificar áreas de mejora en las operaciones comerciales, como la cadena de suministro, el servicio al cliente y la gestión de inventario. Ayuda a las empresas a aumentar su eficiencia y reducir costos.

Plataforma de Generación de Ideas para Campañas de Marketing: Desarrolla una plataforma que utilice IA para generar ideas creativas y efectivas para campañas de marketing. Esta herramienta puede ayudar a las agencias de publicidad y a los profesionales del marketing a desarrollar estrategias innovadoras que capten la atención del público objetivo.

Sistema de Predicción de Demanda para Industrias de Viajes y Turismo: Crea un sistema de predicción de demanda basado en IA para empresas en la industria de viajes y turismo. Este sistema utiliza datos históricos, tendencias del mercado y factores externos para predecir la demanda de vuelos, hoteles y actividades turísticas, ayudando a las empresas a optimizar la capacidad y los precios.

Plataforma de Evaluación de Riesgos para Instituciones Financieras: Desarrolla una plataforma que utilice IA para evaluar el riesgo crediticio y la solvencia de los clientes para instituciones financieras, como bancos y cooperativas de crédito. Este sistema ayuda a automatizar el proceso de evaluación de préstamos y a tomar decisiones más informadas sobre la concesión de crédito.

Servicio de Generación de Música Personalizada: Ofrece un servicio que utilice IA para generar música personalizada para eventos especiales, videos promocionales y proyectos creativos. Este servicio sería útil para empresas, cineastas y creadores de contenido que necesiten música original que se adapte a sus necesidades específicas.

Plataforma de Recomendación de Carreras Profesionales: Crea una plataforma en línea que utilice IA para recomendar carreras profesionales y trayectorias educativas a estudiantes y profesionales que estén considerando un cambio de carrera. Esta plataforma evaluaría los intereses, habilidades y tendencias del mercado laboral para proporcionar recomendaciones personalizadas y relevantes.

Plataforma de Tutoría de Programación para Niños: Crea una plataforma que utilice IA para ofrecer tutorías de programación dirigidas a niños y adolescentes. Este servicio proporcionaría lecciones personalizadas adaptadas a diferentes niveles de habilidad y edades.

Asistente Virtual de Apoyo Emocional para Adolescentes: Desarrolla un asistente virtual impulsado por IA que brinde apoyo emocional a adolescentes, ofreciendo recursos, consejos y técnicas de afrontamiento para ayudarles a gestionar el estrés, la ansiedad y otros desafíos emocionales.

Plataforma de Creación de Cómics Automatizada: Crea una plataforma que utilice IA para generar cómics automáticamente a partir de guiones o ideas proporcionadas por los usuarios. Este servicio sería útil para escritores, artistas y entusiastas de los cómics que deseen crear contenido original de forma rápida y sencilla.

Sistema de Recopilación de Datos para Investigación Científica: Desarrolla un sistema de recopilación de datos basado en IA que recopile, analice y catalogue datos científicos de diversas fuentes para investigadores y académicos. Este servicio facilitaría la recopilación y el análisis de datos para proyectos de investigación.

Plataforma de Generación de Resúmenes Automatizados: Crea una plataforma que utilice IA para generar resúmenes automatizados de artículos científicos, informes de mercado y otros documentos largos. Este servicio sería útil para profesionales que necesiten acceder rápidamente a la información clave de documentos extensos.

Asistente Virtual de Terapia de Habla para Niños con Trastornos del Habla: Desarrolla un asistente virtual basado en IA que proporcione terapia de habla personalizada para niños con trastornos del habla, ofreciendo ejercicios de pronunciación, juegos interactivos y retroalimentación en tiempo real.

Plataforma de Generación de Preguntas de Exámenes: Crea una plataforma que utilice IA para generar automáticamente preguntas de exámenes para profesores y educadores. Este servicio ayudaría a ahorrar tiempo en la creación de evaluaciones y garantizaría una variedad adecuada de preguntas.

Sistema de Recomendación de Libros Personalizado: Desarrolla un sistema de recomendación de libros basado en IA que sugiera libros a los usuarios según sus intereses de lectura, historial de compras y preferencias literarias. Este servicio sería útil para lectores ávidos que busquen descubrir nuevos libros.

Plataforma de Creación de Rutas de Senderismo Personalizadas: Crea una plataforma que utilice IA para generar rutas de senderismo personalizadas según las preferencias de los usuarios, como la dificultad del terreno, la duración del recorrido y los puntos de interés. Este servicio sería útil para excursionistas y amantes de la naturaleza.

Asistente Virtual para la Planificación de Bodas: Desarrolla un asistente virtual basado en IA que ayude a las parejas a planificar todos los aspectos de su boda, desde la selección del lugar hasta la elección del menú y la coordinación de proveedores. Este servicio facilitaría la planificación de bodas y reduciría el estrés asociado.

Plataforma de Creación de Historias Interactivas: Crea una plataforma que utilice IA para generar historias interactivas donde los usuarios puedan influir en el desarrollo de la trama mediante decisiones tomadas en el transcurso de la narrativa. Este servicio sería atractivo para escritores y aficionados a la narrativa interactiva.

Sistema de Recomendación de Destinos de Viaje basado en Preferencias Alimentarias: Desarrolla un sistema de recomendación de destinos de viaje basado en IA que tenga en cuenta las preferencias alimentarias de los usuarios, como dietas especiales o restricciones alimenticias. Este servicio ayudaría a los viajeros a encontrar destinos que se adapten a sus necesidades dietéticas.

Asistente Virtual de Gestión de Proyectos de Investigación Científica: Desarrolla un asistente virtual basado en IA que ayude a los investigadores a gestionar proyectos de investigación científica, manteniendo un seguimiento de los plazos, recursos y resultados. Este servicio facilitaría la colaboración y la coordinación en equipos de investigación.

Plataforma de Generación de Ideas para Proyectos de Arte y Manualidades: Crea una plataforma que utilice IA para generar ideas creativas para proyectos de arte y manualidades, proporcionando inspiración y sugerencias de materiales. Este servicio sería útil para artistas y entusiastas de las manualidades que busquen nuevas ideas para sus proyectos.

Sistema de Recomendación de Películas basado en Análisis de Emociones: Desarrolla un sistema de recomendación de películas basado en IA que sugiera películas a los usuarios según su estado de ánimo y emociones actuales. Este servicio utilizaría el análisis de emociones para recomendar

Plataforma de Evaluación de Riesgos de Crédito para Pequeñas Empresas: Desarrolla una plataforma que utilice IA para evaluar el riesgo crediticio de pequeñas empresas, proporcionando a los prestamistas información precisa y rápida para la toma de decisiones de préstamos.

Asistente Virtual de Entrenamiento de Voz para Actores y Locutores: Crea un asistente virtual que utilice IA para proporcionar entrenamiento de voz personalizado a actores, locutores y presentadores, ayudándoles a mejorar su dicción, tono y estilo de narración.

Plataforma de Generación de Música Personalizada para Videos y Anuncios: Desarrolla una plataforma que utilice IA para generar música personalizada según las necesidades y especificaciones de los creadores de contenido, ofreciendo pistas musicales originales para videos, anuncios y presentaciones.

Sistema de Optimización de Rutas para Flotas de Entrega: Crea un sistema de optimización de rutas basado en IA que ayude a las empresas de entrega a planificar rutas eficientes para sus flotas, minimizando los tiempos de viaje y los costos operativos.

Plataforma de Análisis de Sentimiento en Redes Sociales para Marcas: Desarrolla una plataforma que utilice IA para analizar el sentimiento de los usuarios en las redes sociales con respecto a las marcas y productos, proporcionando información valiosa para estrategias de marketing y gestión de reputación.

Asistente Virtual de Entrenamiento Deportivo Personalizado: Crea un asistente virtual basado en IA que proporcione entrenamiento deportivo personalizado, ofreciendo rutinas de ejercicio, consejos nutricionales y seguimiento del progreso para atletas y entusiastas del fitness.

Plataforma de Traducción Automática de Documentos Legales: Desarrolla una plataforma que utilice IA para traducir automáticamente documentos legales, contratos y acuerdos comerciales a varios idiomas, facilitando la comunicación y colaboración en entornos internacionales.

Sistema de Detección de Fraude en Transacciones Financieras: Crea un sistema de detección de fraude basado en IA que analice patrones de comportamiento y transacciones financieras para identificar actividades sospechosas y prevenir fraudes en tiempo real.

Plataforma de Generación Automatizada de Contenidos para Blogs y Sitios Web: Desarrolla una plataforma que utilice IA para generar automáticamente contenido escrito para blogs y sitios web, cubriendo una variedad de temas y optimizado para SEO, ahorrando tiempo y recursos a los editores de contenido.

Asistente Virtual de Terapia de Rehabilitación para Pacientes con Lesiones Neurológicas: Crea un asistente virtual basado en IA que proporcione terapia de rehabilitación personalizada a pacientes con lesiones neurológicas, ofreciendo ejercicios de rehabilitación guiados y seguimiento del progreso.

Plataforma de Generación Automatizada de Diseños Gráficos para Redes Sociales: Desarrolla una plataforma que utilice IA para generar diseños gráficos originales y atractivos para publicaciones en redes sociales, adaptados a las especificaciones de cada plataforma y marca.

Sistema de Diagnóstico Médico Asistido por IA: Crea un sistema de diagnóstico médico basado en

IA que ayude a los profesionales de la salud a interpretar imágenes médicas, como radiografías y resonancias magnéticas, para detectar y diagnosticar enfermedades de manera más precisa y eficiente.

Plataforma de Asesoramiento Financiero Personalizado para Inversionistas: Desarrolla una plataforma que utilice IA para proporcionar asesoramiento financiero personalizado a inversores, analizando sus objetivos financieros, tolerancia al riesgo y situación económica para recomendar estrategias de inversión.

Asistente Virtual de Aprendizaje de Idiomas para Personas con Discapacidades: Crea un asistente virtual basado en IA que ayude a personas con discapacidades a aprender idiomas, ofreciendo lecciones adaptadas a sus necesidades específicas, como discapacidades visuales o auditivas.

Plataforma de Generación Automatizada de Slogans y Copys Publicitarios: Desarrolla una plataforma que utilice IA para generar slogans y copys publicitarios creativos y efectivos para campañas de marketing, ayudando a las marcas a comunicar su mensaje de manera memorable y persuasiva.

Plataforma de Análisis de Sentimientos en Productos de Consumo: Desarrolla una plataforma que utilice IA para analizar los sentimientos de los clientes hacia productos de consumo, ayudando a las empresas a comprender las opiniones y preferencias de los usuarios y adaptar sus estrategias de marketing y desarrollo de productos en consecuencia.

Asistente Virtual de Atención al Cliente para Empresas de E-commerce: Crea un asistente virtual basado en IA que proporcione atención al cliente automatizada para empresas de comercio electrónico, respondiendo preguntas frecuentes, facilitando el proceso de compra y ofreciendo recomendaciones de productos.

Sistema de Recomendación de Contenido Educativo Personalizado: Desarrolla un sistema de recomendación de contenido educativo basado en IA que sugiera recursos de aprendizaje personalizados para estudiantes, teniendo en cuenta su nivel de habilidad, estilo de aprendizaje y objetivos educativos.

Plataforma de Optimización de Recursos en la Cadena de Suministro: Crea una plataforma que utilice IA para optimizar la gestión de inventario, rutas de envío y programación de producción en la cadena de suministro, ayudando a las empresas a reducir costos y mejorar la eficiencia operativa.

Asistente virtual de entrenamiento para competencias y habilidades aplicadas a entrevistas laborales

Asistente Virtual de Entrenamiento de Habilidades de Entrevista Laboral: Desarrolla un asistente virtual basado en IA que ayude a los buscadores de empleo a prepararse para entrevistas laborales, brindando retroalimentación personalizada, consejos y práctica de respuestas a preguntas comunes.

Plataforma de Evaluación de Impacto Social para Organizaciones sin Fines de Lucro: Crea una plataforma que utilice IA para evaluar el impacto social de programas y proyectos implementados por organizaciones sin fines de lucro, proporcionando métricas y análisis detallados sobre el cambio social generado.

Sistema de Detección de Plagio Automatizado para Instituciones Educativas: Desarrolla un sistema de detección de plagio basado en IA que analice automáticamente el contenido generado por estudiantes para identificar posibles casos de plagio, ayudando a las instituciones educativas a garantizar la integridad académica.

Plataforma de Generación Automática de Descripciones de Productos para Tiendas Online: Crea una plataforma que utilice IA para generar automáticamente descripciones de productos detalladas y persuasivas para tiendas online, optimizadas para SEO y diseñadas para aumentar las conversiones de ventas.

Asistente Virtual de Seguimiento de Síntomas para Pacientes: Desarrolla un asistente virtual basado en IA que ayude a los pacientes a realizar un seguimiento de sus síntomas, proporcionando recomendaciones de autocuidado, recordatorios de medicamentos y consejos sobre cuándo buscar atención médica.

Plataforma de Análisis de Riesgos Ambientales para Empresas: Crea una plataforma que utilice IA para analizar riesgos ambientales y evaluar el impacto ambiental de las operaciones comerciales, ayudando a las empresas a tomar decisiones informadas para minimizar su huella ecológica.

Sistema de Predicción de Tendencias de Mercado para Inversionistas: Desarrolla un sistema de predicción de tendencias de mercado basado en IA que analice datos financieros, noticias y sentimientos del mercado para ayudar a los inversores a tomar decisiones de inversión más informadas y rentables.

Plataforma de Optimización de Precios para Hoteles y Alojamientos: Crea una plataforma que utilice IA para optimizar dinámicamente los precios de habitaciones de hotel y alojamientos en función de la demanda, la disponibilidad y otros factores, maximizando los ingresos para los propietarios.

Asistente Virtual de Planificación de Eventos Corporativos: Desarrolla un asistente virtual basado en IA que ayude a las empresas a planificar y coordinar eventos corporativos, desde conferencias hasta cenas de gala, gestionando la logística, la programación y las comunicaciones con los participantes.

Plataforma de Análisis de Opiniones de Usuarios para Aplicaciones Móviles: Crea una plataforma que utilice IA para analizar las opiniones y reseñas de los usuarios sobre aplicaciones móviles, proporcionando a los desarrolladores información valiosa para mejorar la experiencia del usuario y la calidad de la aplicación.

Sistema de Recomendación de Contenidos Personalizados para Editoriales: Desarrolla un sistema de recomendación de contenidos basado en IA que sugiera libros, artículos y contenido editorial personalizado para lectores, teniendo en cuenta sus intereses, preferencias de lectura y comportamientos anteriores.

Servicio de Creación de Guión Automatizado para Videos de Marketing: Ofrece un servicio donde iChatGPT genere guiones automatizados para videos de marketing, ayudando a las empresas a crear contenido atractivo y persuasivo de manera eficiente.

Plataforma de Consultoría Legal Automatizada: Desarrolla una plataforma donde iChatGPT proporcione consultoría legal automatizada, ayudando a individuos y empresas a obtener respuestas a preguntas legales comunes de manera rápida y económica.

Asistente Virtual de Planificación de Viajes Personalizados: Crea un asistente virtual basado en iChatGPT que ayude a planificar viajes personalizados para clientes, teniendo en cuenta sus preferencias, presupuesto y restricciones de viaje.

Servicio de Creación de Contenido de Redes Sociales Automatizado: Ofrece un servicio donde iChatGPT genere contenido automatizado para redes sociales, incluyendo publicaciones, leyendas y hashtags, para ayudar a las empresas a mantener una presencia activa en línea.

Plataforma de Generación Automatizada de Resúmenes de Libros: Desarrolla una plataforma donde iChatGPT pueda generar resúmenes automatizados de libros, proporcionando a los lectores una visión general rápida y concisa del contenido.

Servicio de Creación de Historias Interactivas para Marketing de Contenidos: Ofrece un servicio donde iChatGPT genere historias interactivas para el marketing de contenidos, permitiendo a las empresas crear experiencias de marca únicas y atractivas.

Asistente Virtual de Entrenamiento de Habilidades de Presentación: Crea un asistente virtual basado en iChatGPT que ayude a las personas a mejorar sus habilidades de presentación, ofreciendo retroalimentación y sugerencias personalizadas para mejorar el rendimiento.

Plataforma de Creación de Cuestionarios Automatizados para Evaluaciones Educativas: Desarrolla una plataforma donde iChatGPT pueda generar cuestionarios automatizados para evaluaciones educativas, ayudando a profesores y educadores a crear pruebas de manera eficiente.

Servicio de Creación de Contenido Curado para Boletines de Noticias: Ofrece un servicio donde iChatGPT genere contenido curado para boletines de noticias, proporcionando a los suscriptores información relevante y actualizada sobre temas de interés.

Asistente Virtual de Preparación para Entrevistas de Admisión a Universidades: Crea un asistente virtual basado en iChatGPT que ayude a los estudiantes a prepararse para entrevistas de admisión a universidades, ofreciendo consejos y simulaciones de entrevistas.

Plataforma de Generación Automatizada de Preguntas de Evaluación de Empleados: Desarrolla una plataforma donde iChatGPT pueda generar preguntas automatizadas para evaluar el desempeño de los empleados, ayudando a las empresas a realizar evaluaciones de manera efectiva.

Servicio de Creación de Historias Personalizadas para Marketing de Influencers: Ofrece un servicio donde iChatGPT genere historias personalizadas para el marketing de influencers, permitiendo a las marcas crear contenido auténtico y relevante para sus audiencias.

Asistente Virtual de Creación de Presupuestos Personales: Crea un asistente virtual basado en iChatGPT que ayude a las personas a crear presupuestos personales, brindando recomendaciones y consejos para gestionar las finanzas de manera efectiva.

Plataforma de Generación Automatizada de Recetas Personalizadas: Desarrolla una plataforma donde iChatGPT pueda generar recetas automatizadas personalizadas, teniendo en cuenta las preferencias dietéticas, restricciones alimentarias y disponibilidad de ingredientes.

Servicio de Creación de Contenido para Cursos en Línea: Ofrece un servicio donde iChatGPT genere contenido para cursos en línea, incluyendo materiales de estudio, preguntas de evaluación y contenido multimedia, para facilitar la creación de cursos educativos.

Servicio de Generación de Descripciones de Productos para Comercio Electrónico: Ofrece un servicio donde iChatGPT genere descripciones detalladas y atractivas para productos en tiendas de comercio electrónico, ayudando a aumentar las conversiones de ventas.

Plataforma de Creación Automatizada de Guión para Podcasts: Desarrolla una plataforma donde iChatGPT pueda generar guiones automatizados para podcasts, facilitando a los creadores de contenido la producción de episodios de manera eficiente.

Asistente Virtual de Asesoramiento Financiero Personalizado: Crea un asistente virtual basado en iChatGPT que ofrezca asesoramiento financiero personalizado a usuarios, ayudándoles a tomar decisiones informadas sobre ahorro, inversión y gestión de deudas.

Plataforma de Generación de Texto para Videojuegos: Desarrolla una plataforma donde iChatGPT genere diálogos, descripciones y narrativas para videojuegos, proporcionando a los desarrolladores de juegos contenido rico y envolvente para sus productos.

Servicio de Creación de Contenido para Blog Automatizado: Ofrece un servicio donde iChatGPT genere contenido automatizado para blogs, cubriendo una amplia variedad de temas y nichos para satisfacer las necesidades de los bloggers y propietarios de sitios web.

Asistente Virtual de Soporte Técnico al Cliente: Crea un asistente virtual basado en iChatGPT que proporcione soporte técnico automatizado a clientes, ayudándoles a resolver problemas comunes y ofreciendo soluciones rápidas y precisas.

Plataforma de Generación de Texto para Aplicaciones de Redes Sociales: Desarrolla una plataforma donde iChatGPT pueda generar texto optimizado para aplicaciones de redes sociales, como biografías de perfiles, respuestas automáticas y mensajes promocionales.

Servicio de Creación de Contenido para Email Marketing: Ofrece un servicio donde iChatGPT genere contenido para campañas de email marketing, incluyendo titulares, copias de correo electrónico y llamadas a la acción, para mejorar la eficacia de las campañas de marketing.

Asistente Virtual de Creación de Currículums y Cartas de Presentación: Crea un asistente virtual basado en iChatGPT que ayude a las personas a crear currículums y cartas de presentación personalizadas, destacando sus habilidades y experiencia de manera efectiva.

Plataforma de Generación de Texto para Aplicaciones de Citas: Desarrolla una plataforma donde iChatGPT pueda generar mensajes y perfiles para aplicaciones de citas en línea, ayudando a los usuarios a iniciar conversaciones y destacarse entre la multitud.

Servicio de Creación de Contenido para E-learning y Cursos Online: Ofrece un servicio donde iChatGPT genere contenido educativo para plataformas de e-learning y cursos online, incluyendo materiales didácticos, cuestionarios y contenido interactivo.

Asistente Virtual de Creación de Informes y Documentación Empresarial: Crea un asistente virtual basado en iChatGPT que asista en la creación de informes y documentación empresarial, ayudando a agilizar los procesos de generación de informes y mejorar la eficiencia operativa.

Plataforma de Generación de Texto para Aplicaciones de Asistencia Sanitaria: Desarrolla una plataforma donde iChatGPT pueda generar texto para aplicaciones de asistencia sanitaria, como mensajes de recordatorio de medicación, consejos de salud y respuestas a preguntas frecuentes.

Servicio de Traducción Automatizada de Contenido: Ofrece un servicio donde iChatGPT realice traducciones automatizadas de contenido entre diferentes idiomas, proporcionando una solución rápida y precisa para las necesidades de traducción.

Asistente Virtual de Creación de Guiones para Videos Educativos: Crea un asistente virtual basado en iChatGPT que ayude a educadores y creadores de contenido a generar guiones para videos educativos, cubriendo una variedad de temas y niveles de dificultad.

Plataformas de consultoría en Marketing Digital

Plataforma de Consultoría en Marketing Digital: Ofrece servicios de consultoría en marketing digital utilizando iChatGPT para ayudar a las empresas a desarrollar estrategias de contenido, publicidad y redes sociales.

Generador de Guión para Videojuegos: Crea un generador de guiones para videojuegos basado en iChatGPT que ayude a los desarrolladores a generar tramas, diálogos y escenarios de forma automatizada.

Asistente de Creación de Contenido Educativo: Desarrolla un asistente de creación de contenido educativo que utilice iChatGPT para generar material de estudio, exámenes y lecciones interactivas para estudiantes y educadores.

Plataforma de Creación de Historias Interactivas: Construye una plataforma que permita a los usuarios crear historias interactivas utilizando iChatGPT para generar diálogos y narrativas personalizadas según las elecciones del usuario.

Servicio de Traducción de Documentos Legales: Ofrece un servicio de traducción de documentos legales utilizando iChatGPT para garantizar traducciones precisas y confiables en diferentes idiomas.

Generador de Letras de Canciones Personalizadas: Crea un generador de letras de canciones personalizadas basado en iChatGPT que permita a los usuarios crear letras únicas para canciones según sus preferencias y experiencias.

Plataforma de Tutoría en Línea para Programación: Desarrolla una plataforma de tutoría en línea especializada en programación que utilice iChatGPT para ofrecer explicaciones detalladas, resolver dudas y proporcionar ejercicios prácticos.

Asistente de Creación de Campañas Publicitarias: Construye un asistente de creación de campañas publicitarias que utilice iChatGPT para generar ideas creativas, copias de anuncios y mensajes de marketing personalizados para empresas.

Servicio de Resúmenes Automatizados de Libros: Ofrece un servicio de resúmenes automatizados de libros utilizando iChatGPT para proporcionar a los usuarios un resumen conciso y comprensible de libros y documentos largos.

Generador de Contenido para Redes Sociales: Crea un generador de contenido para redes sociales basado en iChatGPT que ayude a las empresas y a los creadores de contenido a generar publicaciones atractivas y relevantes para sus audiencias.

Plataforma de Entrenamiento de Idiomas en Realidad Virtual: Desarrolla una plataforma de entrenamiento de idiomas en realidad virtual que utilice iChatGPT para proporcionar conversaciones simuladas y práctica de vocabulario en entornos inmersivos.

Servicio de Creación de Preguntas para Encuestas: Ofrece un servicio de creación de preguntas para encuestas utilizando iChatGPT para generar preguntas relevantes y efectivas que ayuden a recopilar información valiosa para empresas y organizaciones.

Generador de Escenarios para Entrenamiento de Crisis: Crea un generador de escenarios realistas para entrenamiento de crisis basado en iChatGPT que simule situaciones de emergencia y ayude a empresas y equipos a prepararse para diferentes escenarios.

Plataforma de Recomendación de Rutas de Viaje: Desarrolla una plataforma de recomendación de rutas de viaje que utilice iChatGPT para sugerir itinerarios personalizados, actividades y lugares de interés según los intereses y preferencias del viajero.

Asistente de Investigación Académica: Construye un asistente de investigación académica basado en iChatGPT que ayude a estudiantes e investigadores a encontrar y organizar información relevante, así como a generar citas y bibliografías automáticamente.

Servicio de Asesoramiento de Estilo de Vida Saludable: Ofrece sesiones de asesoramiento personalizado utilizando ChatGPT para ayudar a las personas a adoptar hábitos de vida más saludables, como ejercicio regular, dieta equilibrada y gestión del estrés.

Plataforma de Consultoría de Moda Sostenible: Crea una plataforma donde los usuarios puedan obtener recomendaciones de moda sostenible y ética proporcionadas por ChatGPT, ayudándoles a tomar decisiones de compra más conscientes.

Generador de Contenido para Redes Sociales: Desarrolla un servicio que utilice ChatGPT para generar contenido creativo y atractivo para las redes sociales, como publicaciones, leyendas e historias, dirigido a empresas y creadores de contenido.

Entrenador de Desarrollo Profesional: Ofrece servicios de entrenamiento profesional utilizando ChatGPT para ayudar a las personas a mejorar habilidades específicas, prepararse para entrevistas laborales o avanzar en sus carreras.

Plataforma de Creación de Guiones para Videos: Crea una plataforma que utilice ChatGPT para ayudar a los creadores de contenido de video a generar guiones de forma rápida y eficiente para sus producciones, como videos educativos, comerciales o de entretenimiento.

Asistente de Creación de Currículum Infográfico: Ofrece un servicio que utilice ChatGPT para diseñar currículums infográficos visualmente atractivos y personalizados, ayudando a los solicitantes de empleo a destacar en sus aplicaciones.

Generador de Ideas de Regalos Personalizados: Desarrolla una herramienta que utilice ChatGPT para generar ideas de regalos únicos y personalizados, adaptados a los intereses y preferencias del destinatario, facilitando la compra de regalos significativos.

Plataforma de Creación de Historias Interactivas: Crea una plataforma donde los usuarios puedan interactuar con historias generadas por ChatGPT, tomando decisiones que afecten el desarrollo de la trama y ofreciendo una experiencia de lectura personalizada.

Asistente de Organización de Eventos Virtuales: Ofrece servicios de planificación y organización de eventos virtuales utilizando ChatGPT para coordinar detalles como la agenda, la lista de invitados y la logística técnica.

Plataforma de Resolución de Problemas Técnicos: Desarrolla una plataforma donde los usuarios puedan recibir asistencia técnica para resolver problemas con dispositivos electrónicos o software, utilizando ChatGPT para ofrecer soluciones paso a paso.

Servicio de Traducción y Localización de Contenido: Ofrece servicios de traducción y localización de contenido utilizando ChatGPT para adaptar materiales como sitios web, aplicaciones y documentos a diferentes idiomas y culturas.

Asistente de Investigación de Mercado: Proporciona servicios de investigación de mercado utilizando ChatGPT para recopilar y analizar datos sobre tendencias, preferencias del consumidor y competencia en diferentes sectores industriales.

Plataforma de Creación de Poemas Personalizados: Crea una plataforma donde los usuarios puedan solicitar poemas personalizados para ocasiones especiales, como cumpleaños, aniversarios o bodas, generados por ChatGPT.

Entrenador de Habilidades de Presentación: Ofrece servicios de entrenamiento en habilidades de presentación utilizando ChatGPT para ayudar a los individuos a mejorar su capacidad para comunicarse efectivamente en público, ya sea en presentaciones profesionales o académicas.

Generador de Resúmenes de Libros y Artículos: Desarrolla una herramienta que utilice ChatGPT para resumir libros, artículos y documentos extensos de manera concisa y comprensible, ahorrando tiempo a los estudiantes, investigadores y profesionales que buscan información clave.

Servicio de Creación de Diarios Personales: Ofrece un servicio donde ChatGPT ayude a las personas a crear diarios personales digitales, proporcionando reflexiones diarias, recordatorios y seguimiento del progreso hacia metas.

Plataforma de Recomendación de Películas y Series: Desarrolla una plataforma donde ChatGPT recomiende películas y series de televisión personalizadas según los gustos y preferencias de los usuarios, facilitando la elección del entretenimiento.

Entrenador de Habilidades de Oratoria: Crea un servicio de entrenamiento en habilidades de oratoria utilizando ChatGPT para proporcionar retroalimentación instantánea sobre la entonación, el ritmo y el contenido del discurso.

Asistente de Creación de Rutas de Viaje Personalizadas: Ofrece un servicio donde los viajeros puedan obtener recomendaciones personalizadas de destinos, actividades y restaurantes utilizando ChatGPT, adaptadas a sus intereses y presupuesto.

Plataforma de Generación de Ideas para Contenido Creativo: Desarrolla una plataforma donde ChatGPT genere ideas creativas para contenido como blogs, videos y podcasts, ayudando a los creadores a superar el bloqueo del escritor y mantener la inspiración.

Servicio de Creación de Recetas Personalizadas: Ofrece un servicio donde ChatGPT ayude a los usuarios a crear recetas personalizadas según sus preferencias dietéticas, restricciones alimentarias y disponibilidad de ingredientes.

Entrenador de Habilidades de Escucha Activa: Crea un programa de entrenamiento utilizando ChatGPT para mejorar las habilidades de escucha activa, proporcionando ejercicios y retroalimentación para mejorar la comprensión y empatía.

Plataforma de Generación de Ideas de Regalos Corporativos: Desarrolla una plataforma donde ChatGPT genere ideas de regalos corporativos personalizados para empresas, ayudando a mejorar las relaciones con clientes y empleados.

Asistente de Gestión de Proyectos de Arte y Diseño: Ofrece un servicio donde ChatGPT ayude a artistas y diseñadores a gestionar proyectos, organizar tareas y mantener un flujo de trabajo eficiente para cumplir con los plazos.

Plataforma de Creación de Rutinas de Ejercicio Personalizadas: Desarrolla una plataforma donde ChatGPT genere rutinas de ejercicio personalizadas basadas en las metas de fitness y el nivel de condición física de los usuarios, proporcionando variedad y motivación.

Servicio de Traducción de Textos Literarios: Ofrece un servicio de traducción utilizando ChatGPT para convertir obras literarias y poesía a diferentes idiomas, preservando el estilo y la intención del autor original.

Entrenador de Habilidades de Escritura Académica: Crea un servicio de tutoría utilizando ChatGPT para ayudar a los estudiantes a mejorar sus habilidades de redacción académica, proporcionando consejos, ejemplos y correcciones de estilo.

Plataforma de Creación de Juegos de Rol Asistidos por ChatGPT: Desarrolla una plataforma donde ChatGPT actúe como un director de juego en juegos de rol en línea, creando mundos, personajes y tramas para los jugadores.

Asistente de Preparación para Exámenes Estandarizados: Ofrece un servicio donde ChatGPT ayude a los estudiantes a prepararse para exámenes estandarizados como el SAT o el TOEFL, proporcionando práctica de preguntas y estrategias de estudio.

Plataforma de Creación de Cuentos Personalizados para Niños: Crea una plataforma donde ChatGPT genere cuentos personalizados para niños, incluyendo sus nombres y gustos, ofreciendo una experiencia de lectura única y envolvente.

Servicio de Edición de Texto Automatizado: Ofrece un servicio donde los usuarios puedan cargar sus documentos y obtener ediciones automáticas utilizando algoritmos de ChatGPT para mejorar la gramática, la coherencia y el estilo.

Plataforma de Creación de Canciones Personalizadas: Desarrolla una plataforma donde los usuarios puedan solicitar la creación de canciones personalizadas para ocasiones especiales como cumpleaños, aniversarios o propuestas de matrimonio, generadas por ChatGPT.

Asistente de Creación de Guión para Videos: Ofrece un servicio donde ChatGPT ayude a los creadores de contenido de video a generar guiones automáticamente basados en temas específicos, simplificando el proceso de producción de contenido.

Plataforma de Generación de Ideas para Marketing de Contenidos: Crea una plataforma donde ChatGPT genere ideas creativas para campañas de marketing de contenidos, ayudando a las empresas a desarrollar estrategias efectivas de branding y promoción.

Entrenador de Habilidades de Entrevista para Medios: Desarrolla un servicio donde ChatGPT simule entrevistas para medios, ayudando a los clientes a practicar respuestas y mejorar su presencia en público antes de eventos importantes.

Asistente de Creación de Poemas Personalizados: Ofrece un servicio donde ChatGPT genere poemas personalizados basados en las experiencias, emociones y preferencias del cliente, ideales para regalos sentimentales y ocasiones especiales.

Plataforma de Generación de Descripciones de Productos: Crea una plataforma donde los vendedores en línea puedan generar descripciones de productos optimizadas para SEO utilizando ChatGPT, aumentando la visibilidad y las ventas de sus productos.

Servicio de Creación de Manuales de Usuario Automatizados: Ofrece un servicio donde ChatGPT genere manuales de usuario detallados para productos y servicios, simplificando la experiencia del cliente y reduciendo los costos de soporte técnico.

Entrenador de Habilidades de Entrevista de Trabajo: Desarrolla un servicio donde ChatGPT simule entrevistas de trabajo y proporcione retroalimentación sobre las respuestas de los usuarios, ayudándolos a prepararse para situaciones reales.

Plataforma de Generación de Ideas para Nombres de Empresas: Crea una plataforma donde ChatGPT genere ideas creativas para nombres de empresas, dominios web y marcas comerciales, facilitando el proceso de lanzamiento de nuevos negocios.

Asistente de Creación de Preguntas para Encuestas: Ofrece un servicio donde

Investigación de mercados, asistentes y plataformas

ChatGPT ayude a diseñar preguntas efectivas para encuestas y cuestionarios de investigación de mercado, maximizando la calidad de los datos recopilados.

Plataforma de Generación de Contenido para Redes Sociales: Desarrolla una plataforma donde ChatGPT genere contenido relevante y atractivo para publicaciones en redes sociales, ayudando a los usuarios a mantener una presencia activa en línea.

Servicio de Resumen Automatizado de Documentos: Ofrece un servicio donde ChatGPT pueda resumir automáticamente documentos largos como informes, artículos académicos o contratos, ahorrando tiempo y esfuerzo a los usuarios.

Entrenador de Habilidades de Conversación en Segundo Idioma: Desarrolla un servicio donde ChatGPT pueda simular conversaciones en un segundo idioma, ayudando a los estudiantes a practicar y mejorar sus habilidades lingüísticas de manera interactiva.

Plataforma de Creación de Historias Interactivas: Crea una plataforma donde ChatGPT pueda generar historias interactivas donde los usuarios puedan tomar decisiones que afecten el curso de la narrativa, ofreciendo una experiencia única de lectura.

Generador de Contenido para Redes Sociales: Ofrece un servicio donde ChatGPT genere publicaciones de calidad para las redes sociales de empresas y marcas, ahorrándoles tiempo y esfuerzo en la creación de contenido.

Asistente Virtual para Investigación de Mercado: Desarrolla un asistente virtual que utilice ChatGPT para recopilar y analizar datos de mercado, proporcionando información valiosa para la toma de decisiones empresariales.

Plataforma de Creación de Exámenes y Evaluaciones: Crea una plataforma donde los educadores puedan generar exámenes y evaluaciones automáticamente utilizando ChatGPT, adaptados a las necesidades específicas de sus estudiantes.

Entrenador Personalizado de Pronunciación en Idiomas: Ofrece un servicio donde ChatGPT ayude a los estudiantes de idiomas a mejorar su pronunciación mediante ejercicios interactivos y retroalimentación en tiempo real.

Generador de Descripciones de Productos para Comercio Electrónico: Desarrolla una herramienta que utilice ChatGPT para generar descripciones persuasivas de productos, aumentando las conversiones en tiendas en línea.

Asistente Virtual para Soporte Técnico: Crea un asistente virtual basado en ChatGPT que responda preguntas frecuentes y brinde soluciones a problemas técnicos comunes, reduciendo la carga de trabajo del equipo de soporte.

Plataforma de Creación de Historias Interactivas: Desarrolla una plataforma donde los usuarios puedan crear y compartir historias interactivas generadas por ChatGPT, ofreciendo una experiencia de lectura única y personalizada.

Servicio de Generación de Ideas para Contenido Creativo: Ofrece un servicio donde ChatGPT genere ideas creativas para contenido en blogs, videos, podcasts y más, ayudando a los creadores a superar bloqueos creativos.

Entrenador Virtual de Entrevistas de Trabajo: Crea un entrenador virtual que utilice ChatGPT para simular entrevistas de trabajo y proporcionar retroalimentación sobre las respuestas de los usuarios, preparándolos para situaciones reales.

Generador de Resúmenes de Libros y Artículos: Desarrolla un servicio donde ChatGPT pueda resumir automáticamente libros, artículos y documentos largos, ofreciendo a los usuarios una manera rápida de obtener información relevante.

Asistente de Planificación de Viajes Personalizados: Ofrece un servicio donde ChatGPT ayude a planificar viajes personalizados basados en las preferencias del cliente, recomendando destinos, actividades y alojamientos.

Plataforma de Tutoría en Línea para Estudiantes: Crea una plataforma donde los estudiantes puedan recibir tutoría en línea utilizando ChatGPT como tutor virtual, cubriendo una variedad de temas y materias académicas.

Servicio de Generación de Diálogos para Videojuegos: Desarrolla un servicio donde ChatGPT genere diálogos y conversaciones realistas para videojuegos, mejorando la inmersión y la narrativa del juego.

Asistente Virtual para Gestión de Proyectos: Crea un asistente virtual basado en ChatGPT que ayude a gestionar proyectos, asignar tareas y realizar un seguimiento del progreso, aumentando la eficiencia en entornos de trabajo colaborativos.

Plataforma de Creación de Cuestionarios Educativos: Desarrolla una plataforma donde los educadores puedan crear cuestionarios educativos utilizando ChatGPT para generar preguntas relevantes y variadas, facilitando la evaluación del aprendizaje.

Servicio de Resúmenes Automáticos de Reuniones: Ofrece un servicio donde ChatGPT pueda transcribir automáticamente las reuniones y generar resúmenes detallados, ahorrando tiempo a profesionales y equipos.

Plataforma de Creación de Guiones para Videos: Desarrolla una plataforma donde los creadores de contenido puedan generar guiones para videos utilizando ChatGPT, facilitando el proceso de producción de contenido audiovisual.

Generador de Ideas para Campañas de Marketing: Crea un servicio donde ChatGPT pueda generar ideas creativas para campañas de marketing digital, ayudando a las empresas a destacarse en un mercado competitivo.

Asistente Virtual para Asesoramiento Financiero Personalizado: Desarrolla un asistente virtual que utilice ChatGPT para proporcionar asesoramiento financiero personalizado a individuos, ayudándoles a gestionar sus finanzas de manera efectiva.

Plataforma de Generación de Letras de Canciones: Crea una plataforma donde los músicos y compositores puedan obtener letras de canciones generadas por ChatGPT, inspirándose en diferentes estilos y géneros musicales.

Entrenador Virtual de Desarrollo Personal: Ofrece un servicio donde ChatGPT actúe como un entrenador virtual de desarrollo personal, proporcionando consejos, ejercicios y motivación para ayudar a las personas a alcanzar sus objetivos.

Generador de Contenido para Blogs de Nicho: Desarrolla un servicio que utilice ChatGPT para generar contenido específico para blogs de nicho, cubriendo una amplia gama de temas y atrayendo a audiencias especializadas.

Asistente Virtual para Gestión de Proyectos de Investigación: Crea un asistente virtual basado en ChatGPT que ayude a los investigadores a gestionar proyectos, recopilar datos y analizar resultados, agilizando el proceso de investigación.

Plataforma de Creación de Preguntas para Trivia: Desarrolla una plataforma donde los usuarios puedan generar preguntas para juegos de trivia utilizando ChatGPT, ofreciendo diversión y entretenimiento para audiencias de todas las edades.

Servicio de Traducción Automática de Documentos: Ofrece un servicio de traducción automatizada de documentos utilizando ChatGPT, proporcionando traducciones rápidas y precisas en una variedad de idiomas.

Asistente Virtual para Planificación de Eventos Sociales: Desarrolla un asistente virtual que utilice ChatGPT para ayudar en la planificación de eventos sociales como bodas, fiestas de cumpleaños y reuniones familiares, ofreciendo sugerencias de temas, decoraciones y actividades.

Generador de Ideas para Productos Innovadores: Crea un servicio donde ChatGPT pueda generar ideas innovadoras para productos y servicios, ayudando a las empresas a identificar oportunidades de mercado y desarrollar nuevas ofertas.

Plataforma de Creación de Cursos en Línea: Desarrolla una plataforma donde los educadores puedan crear cursos en línea utilizando ChatGPT para generar contenido, interactuar con los estudiantes y evaluar su progreso.

Entrenador Virtual de Habilidades de Presentación: Ofrece un servicio donde ChatGPT actúe como un entrenador virtual de habilidades de presentación, proporcionando consejos sobre estructura, contenido y estilo de presentación.

Generador de Diálogos para Chatbots: Desarrolla un servicio donde ChatGPT pueda generar diálogos para chatbots utilizados en servicio al cliente, ventas en línea y asistencia técnica, mejorando la interacción con los usuarios de manera natural y efectiva.

Plataforma de Generación de Ideas para Contenido de Redes Sociales: Crea una plataforma donde ChatGPT pueda generar ideas creativas y contenido para publicaciones en redes sociales, ayudando a las empresas a mantenerse relevantes y comprometidas con su audiencia.

Asistente Virtual para Entrenamiento de Entrevistas de Podcast: Desarrolla un asistente virtual que utilice ChatGPT para ayudar a los entrevistadores de podcasts a preparar preguntas y temas de conversación, mejorando la calidad y el flujo de sus entrevistas.

Generador de Sinopsis de Libros y Películas: Ofrece un servicio donde ChatGPT pueda generar sinopsis concisas y atractivas de libros, películas y series de televisión, ayudando a los usuarios a tomar decisiones informadas sobre qué leer o ver.

Plataforma de Generación de Ideas para Nombres de Empresas y Productos: Crea una plataforma donde los emprendedores puedan obtener sugerencias de nombres para sus empresas y productos generadas por ChatGPT, facilitando el proceso de branding y marketing.

Asistente Virtual para Creación de Programas de Entrenamiento Fitness: Desarrolla un asistente virtual basado en ChatGPT que ayude a los entrenadores personales a diseñar programas de entrenamiento personalizados para sus clientes, teniendo en cuenta sus objetivos y limitaciones.

Generador de Contenido para Publicidad Interactiva: Ofrece un servicio donde ChatGPT pueda generar contenido interactivo para campañas publicitarias en línea, aumentando la participación del usuario y la efectividad de los anuncios.

Plataforma de Creación de Diarios de Viaje Personalizados: Desarrolla una plataforma donde los viajeros puedan crear diarios de viaje personalizados utilizando ChatGPT para narrar sus experiencias, agregar fotos y compartir recomendaciones con otros viajeros.

Entrenador Virtual de Estrategias de Estudio: Crea un servicio donde ChatGPT actúe como un entrenador virtual de estrategias de estudio, proporcionando técnicas y consejos efectivos para mejorar el rendimiento académico de los estudiantes.

Generador de Escenarios para Juegos de Rol: Ofrece un servicio donde ChatGPT pueda generar escenarios y tramas para juegos de rol de mesa o en línea, proporcionando a los jugadores una experiencia de juego única y emocionante.

Asistente Virtual para Planificación de Menús y Recetas: Desarrolla un asistente virtual basado en ChatGPT que ayude a los usuarios a planificar menús saludables y atractivos, sugiriendo recetas personalizadas y listas de compras.

Plataforma de Generación de Ideas para Proyectos de Arte y Manualidades: Crea una plataforma donde los artistas y artesanos puedan obtener inspiración y sugerencias de proyectos creativos utilizando ChatGPT, explorando una variedad de técnicas y materiales.

Servicio de Creación de Guiones para Videos Educativos: Ofrece un servicio donde ChatGPT pueda generar guiones para videos educativos en línea, cubriendo una amplia gama de temas y facilitando la producción de contenido educativo de calidad.

Entrenador Virtual de Habilidades de Entrevista de Trabajo para Profesionales: Desarrolla un servicio donde ChatGPT actúe como un entrenador virtual de habilidades de entrevista de trabajo, proporcionando consejos y simulaciones de entrevistas para ayudar a los profesionales a destacarse en el proceso de contratación.

Generador de Descripciones de Productos para Comercio Electrónico: Ofrece un servicio donde ChatGPT pueda generar descripciones detalladas y persuasivas de productos para tiendas en línea, ayudando a aumentar las ventas y la conversión de clientes.

Asistente Virtual para Gestión de Contenidos de Blogs: Crea un asistente virtual basado en ChatGPT que ayude a los bloggers a gestionar su contenido, sugiriendo temas, optimizando el SEO y programando publicaciones para mantener la consistencia y la relevancia.

Plataforma de Creación de Rutinas de Ejercicio Personalizadas: Desarrolla una plataforma donde los usuarios puedan generar rutinas de ejercicio personalizadas utilizando ChatGPT, teniendo en cuenta sus objetivos de fitness, nivel de condición física y preferencias de entrenamiento.

Generador de Conceptos para Diseño de Productos: Ofrece un servicio donde ChatGPT pueda generar conceptos de diseño para productos físicos y digitales, ayudando a los diseñadores a explorar nuevas ideas y enfoques creativos.

Asistente Virtual para Gestión de Proyectos de Desarrollo de Software: Desarrolla un asistente virtual basado en ChatGPT que ayude a los equipos de desarrollo de software a planificar, coordinar y documentar proyectos, mejorando la eficiencia y la colaboración.

Plataforma de Generación de Preguntas para Juegos de Trivia Personalizados: Crea una plataforma donde los usuarios puedan generar preguntas personalizadas para juegos de trivia utilizando ChatGPT, adaptando el contenido a sus intereses y conocimientos.

Servicio de Creación de Contenidos para Podcasts: Ofrece un servicio donde ChatGPT pueda generar guiones, temas de conversación y segmentos de contenido para podcasts, ayudando a los creadores de contenido a mantenerse inspirados y comprometidos con su audiencia.

Servicio de Corrección de Textos Automatizado: Ofrece un servicio donde los usuarios puedan enviar sus textos y obtener correcciones automáticas de gramática, estilo y ortografía generadas por ChatGPT.

Generador de Ideas para Regalos Personalizados: Crea una plataforma donde los usuarios puedan obtener sugerencias de regalos personalizados para diferentes ocasiones, basadas en las preferencias y gustos de los destinatarios, proporcionadas por ChatGPT.

Tu asistente virtual para cada aspecto de tu vida

Asistente Virtual para Planificación de Bodas: Desarrolla un asistente virtual basado en ChatGPT que ayude a las parejas a planificar cada aspecto de su boda, desde la selección del lugar hasta la creación de listas de invitados y la coordinación del día del evento.

Plataforma de Generación de Ideas para Campañas de Marketing: Crea una plataforma donde las empresas puedan obtener ideas y conceptos creativos para sus campañas de marketing, generadas por ChatGPT, lo que les permitirá llegar a su audiencia de manera más efectiva.

Generador de Diálogos para Videojuegos: Ofrece un servicio donde los desarrolladores de videojuegos puedan obtener diálogos y conversaciones realistas generadas por ChatGPT, para integrar en sus juegos y mejorar la experiencia del jugador.

Asistente Virtual para Creación de Historias Interactivas: Desarrolla un asistente virtual que ayude a los escritores y creadores de contenido a desarrollar historias interactivas y ramificadas, utilizando ChatGPT para generar tramas y diálogos dinámicos.

Plataforma de Generación de Descripciones de Propiedades Inmobiliarias: Crea una plataforma donde los agentes inmobiliarios puedan obtener descripciones detalladas y atractivas de propiedades en venta o alquiler, generadas por ChatGPT, para atraer a posibles compradores o arrendatarios.

Generador de Ideas para Campañas de Sensibilización Social: Ofrece un servicio donde organizaciones sin fines de lucro y agencias gubernamentales puedan obtener ideas creativas para campañas de sensibilización social, generadas por ChatGPT, para abordar problemas importantes de la sociedad.

Asistente Virtual para Creación de Planes de Viaje: Desarrolla un asistente virtual basado en ChatGPT que ayude a los viajeros a planificar itinerarios de viaje personalizados, sugiriendo destinos, actividades y opciones de alojamiento basadas en sus preferencias y presupuesto.

Plataforma de Generación de Ideas para Contenidos Educativos: Crea una plataforma donde los educadores y creadores de contenido educativo puedan obtener ideas para materiales de enseñanza y recursos didácticos, generadas por ChatGPT, para enriquecer el proceso de aprendizaje.

Generador de Textos para Cartas de Recomendación: Ofrece un servicio donde ChatGPT pueda generar textos personalizados para cartas de recomendación, ayudando a los empleadores y educadores a destacar las habilidades y cualidades de los candidatos o estudiantes.

Asistente Virtual para Planificación de Eventos Corporativos: Desarrolla un asistente virtual que ayude a las empresas a planificar y coordinar eventos corporativos, como conferencias y seminarios, utilizando ChatGPT para gestionar la logística y las comunicaciones.

Plataforma de Generación de Ideas para Contenidos de Marketing de Influencers: Crea una plataforma donde los influencers y creadores de contenido puedan obtener ideas y conceptos para sus campañas de marketing, generadas por ChatGPT, para aumentar su alcance y compromiso con su audiencia.

Generador de Cuentos Personalizados para Niños: Ofrece un servicio donde los padres puedan solicitar cuentos personalizados para sus hijos, generados por ChatGPT y adaptados a los intereses y preferencias de cada niño, promoviendo la lectura y la creatividad.

Asistente Virtual para Creación de Menús de Restaurantes: Desarrolla un asistente virtual basado en ChatGPT que ayude a los restaurantes a diseñar menús atractivos y bien equilibrados, sugiriendo platos y combinaciones basadas en la cocina y la temática del establecimiento.

Plataforma de Generación de Ideas para Campañas de Crowdfunding: Crea una plataforma donde los emprendedores puedan obtener ideas y estrategias para sus campañas de crowdfunding, generadas por ChatGPT, para alcanzar sus objetivos de financiamiento de manera más efectiva.

Generador de Descripciones para Perfiles de Citas en Línea: Ofrece un servicio donde ChatGPT pueda generar descripciones atractivas y auténticas para perfiles de citas en línea, ayudando a los usuarios a destacarse y encontrar coincidencias compatibles.

Asistente Virtual para Planificación de Actividades de Ocio: Desarrolla un asistente virtual basado en ChatGPT que ayude a las personas a planificar actividades de ocio y entretenimiento, sugiriendo eventos, espectáculos y lugares de interés basados en sus intereses y ubicación.

Plataforma de Generación de Ideas para Desafíos de Redes Sociales: Crea una plataforma donde los usuarios puedan obtener ideas y conceptos para desafíos virales en redes sociales, generados por ChatGPT, para aumentar la participación y la interacción en línea.

Generador de Textos para Tarjetas de Felicitación y Agradecimiento: Ofrece un servicio donde ChatGPT pueda generar mensajes personalizados para tarjetas de felicitación y agradecimiento, ayudando a las personas a expresar sus sentimientos de manera significativa y sincera.

Servicio de Resúmenes Automáticos: Ofrece un servicio automatizado que utilice ChatGPT para generar resúmenes rápidos y precisos de documentos, artículos o libros, ahorrando tiempo a estudiantes y profesionales.

Asistente de Investigación de Mercado: Crea un asistente virtual basado en ChatGPT que ayude a las empresas a recopilar y analizar datos de mercado para identificar tendencias, preferencias del consumidor y oportunidades de negocio.

Generador de Historias Interactivas: Desarrolla una plataforma que utilice ChatGPT para crear historias interactivas personalizadas, donde los usuarios puedan influir en el desarrollo de la trama a través de sus elecciones y decisiones.

Plataforma de Creación de Contenidos Educativos: Crea una herramienta basada en ChatGPT que permita a los educadores generar contenido educativo personalizado, como lecciones, ejercicios y materiales de estudio adaptados a las necesidades de cada estudiante.

Asistente Virtual de Aprendizaje de Idiomas: Desarrolla un asistente virtual de aprendizaje de idiomas que utilice ChatGPT para ofrecer lecciones personalizadas, práctica de conversación y corrección de errores gramaticales.

Plataforma de Generación de Preguntas y Respuestas: Construye una plataforma que utilice ChatGPT para generar preguntas y respuestas para exámenes, evaluaciones o juegos triviales, ofreciendo contenido fresco y variado.

Asistente de Creación de Guión para Videos: Crea un asistente virtual basado en ChatGPT que ayude a los creadores de contenido de video a generar guiones creativos y atractivos para sus producciones, ya sean videos de YouTube, cortometrajes o comerciales.

Generador de Desafíos de Programación: Desarrolla una herramienta que utilice ChatGPT para crear desafíos y ejercicios de programación personalizados, adaptados a diferentes niveles de habilidad y áreas de interés en el campo de la informática.

Plataforma de Creación de Cuestionarios de Evaluación: Construye una plataforma en línea que utilice ChatGPT para generar cuestionarios de evaluación y pruebas de conocimiento para empresas, instituciones educativas o programas de formación profesional.

Asistente Virtual de Creación de Presentaciones: Crea un asistente virtual que utilice ChatGPT para ayudar a los usuarios a crear presentaciones profesionales, proporcionando plantillas, sugerencias de contenido y diseño, y consejos para una comunicación efectiva.

Servicio de Asesoramiento Nutricional Personalizado: Ofrece un servicio en línea que utilice ChatGPT para proporcionar asesoramiento nutricional personalizado, ayudando a los clientes a planificar dietas saludables y a alcanzar sus objetivos de bienestar.

Plataforma de Generación de Ideas Creativas: Crea una plataforma que utilice ChatGPT para generar ideas creativas para campañas publicitarias, proyectos de diseño, estrategias de marketing, etc., ayudando a empresas y creativos a inspirarse.

Asistente Virtual para la Creación de Planes de Negocio: Desarrolla un asistente virtual basado en ChatGPT que guíe a emprendedores y empresarios en la creación de planes de negocio detallados, incluyendo análisis de mercado, estrategias de crecimiento y proyecciones financieras.

Generador de Preguntas para Juegos de Trivia Personalizados: Construye una herramienta que utilice ChatGPT para generar preguntas de trivia personalizadas sobre temas específicos, permitiendo a empresas y organizaciones crear juegos de trivia únicos para eventos y actividades de promoción.

Plataforma de Recomendación de Libros y Películas: Crea una plataforma en línea que utilice ChatGPT para recomendar libros y películas a los usuarios basándose en sus gustos y preferencias, ofreciendo sugerencias personalizadas y análisis de contenido.

Generación de contenidos para redes sociales y viralización de tus contenidos

Asistente de Generación de Contenidos para Redes Sociales: Desarrolla un asistente virtual basado en ChatGPT que ayude a empresas y creadores de contenido a generar publicaciones para redes sociales, incluyendo textos, imágenes y hashtags relevantes para aumentar el compromiso y la visibilidad en línea.

Plataforma de Creación de Cuentos Personalizados para Niños: Construye una plataforma que utilice ChatGPT para crear cuentos personalizados para niños, donde los padres puedan proporcionar detalles sobre sus hijos y recibir historias únicas y emocionantes para leer juntos.

Generador de Letras de Canciones Personalizadas: Crea una herramienta en línea que utilice ChatGPT para generar letras de canciones personalizadas para ocasiones especiales como cumpleaños, aniversarios o bodas, ofreciendo a los usuarios una forma única de expresar sus sentimientos a través de la música.

Asistente Virtual de Preparación de Recetas: Desarrolla un asistente virtual que utilice ChatGPT para ayudar a los usuarios a encontrar y preparar recetas de cocina, ofreciendo sugerencias de platos basadas en ingredientes disponibles, preferencias dietéticas y habilidades culinarias.

Plataforma de Creación de Ejercicios de Entrenamiento Personalizado: Construye una plataforma en línea que utilice ChatGPT para generar programas de entrenamiento personalizado, incluyendo rutinas de ejercicios, consejos de nutrición y seguimiento del progreso físico, adaptados a las necesidades y objetivos de cada usuario.

Servicio de Consultoría en Creatividad: Utiliza ChatGPT para ofrecer consultoría en creatividad, ayudando a empresas y particulares a generar ideas innovadoras para campañas publicitarias, productos, servicios y proyectos artísticos.

Generación de Contenido Educativo: Crea material educativo utilizando ChatGPT para desarrollar cursos, guías de estudio y contenido interactivo en una variedad de temas, desde matemáticas y ciencias hasta literatura y habilidades prácticas.

Asistente de Investigación de Mercado: Utiliza ChatGPT para recopilar datos, analizar tendencias y generar informes de investigación de mercado para empresas que buscan comprender mejor a sus clientes y competidores.

Plataforma de Creación de Historias Interactivas: Desarrolla una plataforma que utilice ChatGPT para crear historias interactivas personalizadas, permitiendo a los usuarios participar en narrativas únicas y emocionantes.

Servicio de Creación de Guión para Videos y Podcasts: Ofrece un servicio que utilice ChatGPT para generar guiones creativos y envolventes para videos de YouTube, podcasts y contenido multimedia.

Asistente Virtual para Tareas de Investigación: Crea un asistente virtual que utilice ChatGPT para ayudar a estudiantes, investigadores y profesionales a recopilar información, encontrar recursos y elaborar informes de investigación.

Plataforma de Generación de Resúmenes Automatizados: Desarrolla una plataforma que utilice ChatGPT para crear resúmenes automáticos de artículos, informes y documentos largos, ahorrando tiempo y esfuerzo a los profesionales ocupados.

Servicio de Traducción Instantánea: Implementa ChatGPT en una aplicación de traducción que ofrezca traducciones instantáneas y precisas en una variedad de idiomas, facilitando la comunicación global.

Generador de Letras de Canciones Personalizadas: Crea un servicio en línea que utilice ChatGPT para componer letras de canciones personalizadas para ocasiones especiales como cumpleaños, aniversarios y propuestas de matrimonio.

Plataforma de Creación de Videojuegos Textuales: Desarrolla una plataforma que utilice ChatGPT para crear juegos de rol y aventuras textuales interactivas, permitiendo a los usuarios sumergirse en historias y mundos imaginarios.

Servicio de Generación de Descripciones de Productos: Ofrece un servicio que utilice ChatGPT para generar descripciones atractivas y persuasivas de productos para tiendas en línea, ayudando a aumentar las ventas y la participación del cliente.

Asistente Virtual para Soporte Técnico: Desarrolla un asistente virtual basado en ChatGPT que pueda proporcionar soporte técnico automatizado para productos y servicios, respondiendo preguntas comunes y solucionando problemas de manera eficiente.

Plataforma de Creación de Poemas Personalizados: Crea una plataforma en línea que utilice ChatGPT para componer poemas personalizados basados en las preferencias y experiencias del usuario, ofreciendo un regalo único y significativo.

Servicio de Generación de Guiones para Videos Educativos: Ofrece un servicio que utilice ChatGPT para crear guiones detallados y estructurados para videos educativos en YouTube y otras plataformas, cubriendo una amplia gama de temas académicos y formatos de contenido.

Asistente de Creación de Presentaciones Profesionales: Desarrolla un asistente virtual que utilice ChatGPT para ayudar a los profesionales a crear presentaciones impactantes y visualmente atractivas, proporcionando sugerencias de diseño, contenido y estructura.

Plataforma de Creación de Cuentos Infantiles Personalizados: Crea una plataforma en línea donde los padres puedan utilizar ChatGPT para generar cuentos personalizados para sus hijos, incorporando nombres, lugares y personajes familiares en historias únicas.

Servicio de Resúmenes de Libros y Artículos: Ofrece un servicio que utilice ChatGPT para generar resúmenes concisos y completos de libros, artículos y documentos largos, brindando a los lectores una visión general rápida y efectiva del contenido.

Asistente Virtual de Planificación de Viajes Personalizados: Desarrolla un asistente virtual basado en ChatGPT que pueda recomendar destinos de viaje, actividades y alojamientos personalizados según las preferencias y el presupuesto del usuario.

Plataforma de Generación de Recetas Personalizadas: Crea una plataforma en línea que utilice ChatGPT para generar recetas personalizadas según los ingredientes disponibles, las restricciones dietéticas y las preferencias culinarias del usuario.

Servicio de Redacción de Correos Electrónicos Profesionales: Ofrece un servicio que utilice ChatGPT para redactar correos electrónicos profesionales, incluyendo respuestas a consultas, solicitudes de información y seguimiento de clientes de manera efectiva y profesional.

Servicio de Traducción Automatizada: Ofrece un servicio que utilice ChatGPT para realizar traducciones automáticas de documentos, correos electrónicos u otros textos, brindando una solución rápida y precisa para empresas y personas que necesiten comunicarse en diferentes idiomas.

Asistente Virtual para Creación de Contenidos en Redes Sociales: Desarrolla un asistente virtual basado en ChatGPT que ayude a crear publicaciones creativas y atractivas para redes sociales, ofreciendo sugerencias de texto, hashtags y contenido visual.

Plataforma de Generación de Ideas Creativas: Crea una plataforma en línea donde los usuarios puedan utilizar ChatGPT para generar ideas creativas para proyectos, campañas publicitarias, nombres de productos, entre otros, impulsando la creatividad y la innovación.

Servicio de Corrección Automática de Textos: Ofrece un servicio que utilice ChatGPT para corregir automáticamente errores gramaticales, ortográficos y de estilo en textos escritos en diferentes idiomas, mejorando la calidad del contenido y la comunicación escrita.

Asistente de Generación de Programas de Entrenamiento Personalizado: Desarrolla un asistente virtual que utilice ChatGPT para crear programas de entrenamiento personalizados según los objetivos, preferencias y nivel de condición física del usuario, ofreciendo rutinas de ejercicio efectivas y motivadoras.

Plataforma de Generación de Ideas de Negocio: Crea una plataforma en línea donde los emprendedores puedan utilizar ChatGPT para generar ideas de negocio innovadoras y viables, recibiendo recomendaciones sobre modelos de negocio, nichos de mercado y estrategias de crecimiento.

Servicio de Creación de Preguntas para Evaluaciones Educativas: Ofrece un servicio que utilice ChatGPT para generar preguntas educativas y evaluaciones personalizadas para estudiantes, profesores o instituciones educativas, facilitando la creación de contenido educativo de alta calidad.

Asistente Virtual para Planificación de Eventos Sociales: Desarrolla un asistente virtual basado en ChatGPT que ayude a planificar eventos sociales como fiestas, bodas o reuniones familiares, proporcionando sugerencias de ubicación, invitaciones y detalles logísticos.

Plataforma de Generación de Ideas de Contenido para Blogs y Vlogs: Crea una plataforma en línea que utilice ChatGPT para generar ideas de contenido para blogs, vlogs y redes sociales, ofreciendo temas interesantes y relevantes para diferentes audiencias y nichos de mercado.

Servicio de Generación de Letras de Canciones Personalizadas: Ofrece un servicio que utilice

ChatGPT para componer letras de canciones personalizadas para ocasiones especiales como aniversarios, cumpleaños o propuestas de matrimonio, agregando un toque único y emotivo a eventos importantes.

Creación de Contenidos Personalizados: Ofrece un servicio donde ChatGPT pueda generar contenido personalizado para blogs, redes sociales o sitios web, ayudando a empresas y profesionales a mantener una presencia en línea constante y de calidad.

Generación de Ideas de Marketing: Utiliza ChatGPT para generar ideas creativas de campañas de marketing, estrategias de publicidad o conceptos para contenido promocional, ofreciendo un servicio de consultoría a empresas que buscan innovar en su estrategia de marketing.

Asistente Virtual para Tareas Administrativas: Crea un servicio de asistente virtual basado en ChatGPT para ayudar a empresas y emprendedores con tareas administrativas como programación de reuniones, gestión de correos electrónicos y organización de archivos.

Generación de Historias Personalizadas: Ofrece un servicio donde ChatGPT pueda crear historias personalizadas para regalos únicos, como libros personalizados o relatos cortos basados en las preferencias del cliente.

Creación de Contenidos Educativos Interactivos: Desarrolla plataformas educativas interactivas que utilicen ChatGPT para generar preguntas, explicaciones y ejercicios adaptados al nivel y estilo de aprendizaje del usuario, ofreciendo un método de aprendizaje personalizado y efectivo.

Diseñador de Personajes Virtuales: Utiliza ChatGPT para diseñar personajes virtuales interactivos para videojuegos, aplicaciones de mensajería o asistentes virtuales, ofreciendo un servicio de diseño de personajes único y personalizado.

Generación de Slogans y Etiquetas de Productos: Ofrece un servicio donde ChatGPT pueda generar slogans creativos y etiquetas de productos para empresas que buscan mejorar su branding y posicionamiento en el mercado.

Desarrollo de chatbots especializados: Crea chatbots para todo tipo de negocios digitales

Desarrollo de Chatbots Especializados: Crea chatbots especializados para industrias específicas, como atención médica, servicios legales o atención al cliente, utilizando ChatGPT para ofrecer respuestas precisas y útiles a las consultas de los usuarios.

Tutor Virtual de Idiomas: Desarrolla un servicio de tutoría virtual de idiomas que utilice ChatGPT para proporcionar lecciones personalizadas, práctica de conversación y retroalimentación lingüística a los estudiantes, ofreciendo una forma flexible y accesible de aprender un nuevo idioma.

Generación de Guiones para Videos y Podcasts: Ofrece un servicio donde ChatGPT pueda generar guiones para videos de YouTube, podcasts o presentaciones, ayudando a creadores de contenido a agilizar el proceso de producción y mantener una programación constante.

Entrenador de Habilidades Sociales: Desarrolla un programa de entrenamiento de habilidades sociales utilizando inteligencia artificial para simular interacciones sociales realistas y proporcionar retroalimentación personalizada sobre comportamientos y respuestas.

Generación de Contenidos para Juegos de Mesa: Utiliza inteligencia artificial para crear contenido personalizado, como misiones, personajes y escenarios, para juegos de mesa, permitiendo a los diseñadores de juegos acceder a una amplia gama de ideas y elementos creativos.

Servicio de Traducción Automatizada en Tiempo Real: Crea un servicio de traducción automática en tiempo real utilizando inteligencia artificial, que pueda integrarse en plataformas de videoconferencia, eventos en línea o reuniones multilingües para facilitar la comunicación global.

Plataforma de Generación de Música Personalizada: Desarrolla una plataforma que utilice inteligencia artificial para componer música personalizada según las preferencias del usuario, ofreciendo canciones originales para ocasiones especiales como bodas, cumpleaños o eventos corporativos.

Asistente Virtual de Creación de Currículums Vitae: Crea un asistente virtual que utilice inteligencia artificial para guiar a los usuarios en la creación de currículums vitae personalizados, ofreciendo sugerencias de formato, contenido y palabras clave para destacar habilidades y experiencia.

Plataforma de Generación de Escenarios para Escritores: Desarrolla una plataforma que utilice inteligencia artificial para generar escenarios y situaciones para escritores, ofreciendo inspiración y desafíos creativos para desarrollar tramas y personajes en novelas, cuentos o guiones.

Servicio de Evaluación de Productos y Servicios: Utiliza inteligencia artificial para analizar comentarios y reseñas de productos en línea, proporcionando a las empresas información detallada sobre la satisfacción del cliente, tendencias de mercado y áreas de mejora.

Generador de Recetas Personalizadas: Crea un generador de recetas alimentado por inteligencia artificial que sugiera platos personalizados según las preferencias dietéticas, restricciones alimenticias y ingredientes disponibles en la despensa del usuario.

Plataforma de Generación de Ideas de Negocio: Desarrolla una plataforma que utilice inteligencia artificial para generar ideas de negocio personalizadas basadas en intereses, habilidades y tendencias del mercado, ofreciendo a emprendedores una fuente de inspiración para iniciar nuevos proyectos.

Servicio de Análisis de Sentimiento en Redes Sociales: Ofrece un servicio de análisis de sentimiento en redes sociales utilizando inteligencia artificial para ayudar a las empresas a entender la percepción del público sobre sus productos, campañas de marketing o eventos, y tomar decisiones estratégicas en consecuencia.

Entrenador de Pronunciación de Idiomas: Desarrolla un servicio que utilice inteligencia artificial para corregir la pronunciación de los usuarios en diferentes idiomas, ofreciendo retroalimentación instantánea y ejercicios personalizados para mejorar la dicción.

Generador de Resúmenes Automatizados: Crea una herramienta que utilice inteligencia artificial para resumir textos largos, como libros, artículos académicos o informes, proporcionando versiones concisas y comprensibles en poco tiempo.

Asistente Virtual de Gestión de Finanzas Personales: Desarrolla un asistente virtual que utilice inteligencia artificial para ayudar a las personas a administrar sus finanzas personales, ofreciendo consejos de ahorro, presupuesto y planificación financiera basados en patrones de gasto y metas establecidas.

Plataforma de Generación de Ideas para Contenido Digital: Crea una plataforma que utilice inteligencia artificial para generar ideas creativas y relevantes para contenido digital, como videos de YouTube, blogs o podcasts, ayudando a creadores a mantenerse inspirados y atractivos para su audiencia.

Servicio de Transcripción Automática de Audio y Video: Ofrece un servicio que utilice inteligencia artificial para transcribir automáticamente contenido de audio y video en texto, proporcionando una solución rápida y precisa para empresas, creadores de contenido y profesionales de la industria de medios.

Asistente de Gestión de Proyectos de Investigación: Desarrolla un asistente virtual que utilice inteligencia artificial para ayudar a investigadores y académicos a gestionar proyectos de investigación, organizar datos, establecer plazos y realizar análisis estadísticos básicos.

Plataforma de Generación de Ideas de Regalos Personalizados: Crea una plataforma que utilice inteligencia artificial para sugerir ideas de regalos personalizados según los intereses, gustos y ocasiones del destinatario, facilitando la búsqueda de regalos únicos y significativos.

Servicio de Traducción de Lenguaje de Señas a Texto: Desarrolla un servicio que utilice inteligencia artificial para traducir el lenguaje de señas en tiempo real a texto escrito, permitiendo una comunicación más accesible para personas sordas o con discapacidad auditiva en entornos digitales.

Generador de Ideas de Marketing Creativo: Crea un generador de ideas de marketing que utilice inteligencia artificial para ofrecer estrategias innovadoras y creativas para campañas publicitarias, promociones de productos y estrategias de branding.

Asistente Virtual para Gestión de Eventos Corporativos: Desarrolla un asistente virtual que utilice inteligencia artificial para ayudar a empresas a planificar y gestionar eventos corporativos, desde la logística y el presupuesto hasta la coordinación de proveedores y la interacción con los asistentes.

Servicio de Resolución de Problemas Técnicos: Ofrece un servicio de soporte técnico virtual utilizando ChatGPT para guiar a los usuarios a través de la resolución de problemas con sus dispositivos electrónicos, software o aplicaciones.

Plataforma de Creación de Cuestionarios Interactivos: Desarrolla una plataforma que utilice ChatGPT para generar cuestionarios interactivos personalizados en diversos temas, desde educación hasta entretenimiento, que puedan integrarse en sitios web o redes sociales para interactuar con la audiencia.

Entrenador de Habilidades de Entrevista de Trabajo: Crea un servicio de coaching virtual que utilice ChatGPT para simular entrevistas de trabajo realistas, proporcionando retroalimentación personalizada sobre respuestas, lenguaje corporal y comportamiento durante las entrevistas.

Plataforma de Generación de Ideas de Contenido Creativo: Desarrolla una plataforma en línea que utilice ChatGPT para generar ideas creativas de contenido, como historias, guiones de películas, conceptos de videojuegos o diseños de productos, para escritores, cineastas, desarrolladores y diseñadores.

Asistente de Planificación de Viajes Personalizado: Crea un asistente virtual basado en ChatGPT que ayude a los usuarios a planificar viajes personalizados, recomendando destinos, actividades y alojamientos según las preferencias individuales de cada viajero.

Servicio de Creación de Resúmenes de Libros y Artículos: Ofrece un servicio que utilice ChatGPT para generar resúmenes concisos y comprensibles de libros, artículos científicos o informes extensos, ayudando a los usuarios a obtener información relevante de manera rápida y eficiente.

Generador de Ideas para Campañas Publicitarias: Desarrolla un generador de ideas publicitarias que utilice ChatGPT para crear conceptos creativos y efectivos para campañas publicitarias en diferentes plataformas, adaptadas a las necesidades y características del público objetivo.

Planes de estudio, investigación en idiomas, artes y negocios

Asistente de Creación de Planes de Estudio Personalizados: Crea un asistente virtual que utilice ChatGPT para ayudar a los estudiantes a diseñar planes de estudio personalizados según sus objetivos educativos, preferencias de aprendizaje y áreas de interés.

Plataforma de Generación de Ideas de Negocios: Desarrolla una plataforma en línea que utilice ChatGPT para generar ideas innovadoras de negocios basadas en tendencias de mercado, necesidades del consumidor y análisis de la competencia, ayudando a emprendedores a identificar oportunidades prometedoras.

Plataforma de Evaluación de Productos Virtuales: Crea una plataforma que utilice inteligencia artificial para evaluar virtualmente productos físicos, como muebles, ropa o dispositivos electrónicos, permitiendo a los consumidores ver cómo se verían o funcionarían los productos en su entorno antes de comprarlos.

Entrenador de Pronunciación de Idiomas: Desarrolla un servicio de entrenamiento de pronunciación que utilice inteligencia artificial para corregir la pronunciación de los usuarios en diferentes idiomas, proporcionando retroalimentación instantánea y ejercicios personalizados.

Generador de Historias Personalizadas para Libros Infantiles: Crea una plataforma que utilice inteligencia artificial para generar historias personalizadas para libros infantiles, donde los niños pueden convertirse en los protagonistas de aventuras únicas y emocionantes.

Asistente de Preparación de Comidas Personalizado: Desarrolla un asistente virtual basado en inteligencia artificial que ayude a los usuarios a planificar y preparar comidas personalizadas según sus preferencias dietéticas, restricciones alimentarias y objetivos de salud.

Plataforma de Detección de Emociones en Videoconferencias: Crea una plataforma que utilice inteligencia artificial para detectar y analizar las emociones de los participantes durante videoconferencias, proporcionando información sobre el estado emocional de los asistentes y sugerencias para mejorar la comunicación.

Servicio de Recomendación de Ropa Basado en Estilo Personal: Ofrece un servicio que utilice inteligencia artificial para recomendar ropa y accesorios basados en el estilo personal de los usuarios, utilizando algoritmos de análisis de imágenes y preferencias de moda.

Asistente de Creación de Rutinas de Ejercicio Personalizadas: Desarrolla un asistente virtual que utilice inteligencia artificial para crear rutinas de ejercicio personalizadas según las metas de fitness, nivel de condición física y preferencias de entrenamiento de los usuarios.

Plataforma de Generación de Letras de Canciones Personalizadas: Crea una plataforma en línea que utilice inteligencia artificial para generar letras de canciones personalizadas para eventos especiales, como bodas, cumpleaños o aniversarios, basadas en historias y detalles proporcionados por los usuarios.

Servicio de Análisis de Sentimientos en Redes Sociales: Ofrece un servicio que utilice inteligencia artificial para analizar los sentimientos y opiniones expresadas en redes sociales sobre productos, marcas o eventos, proporcionando información valiosa para estrategias de marketing y toma de decisiones empresariales.

Asistente de Creación de Planes de Viaje Eco-Friendly: Desarrolla un asistente virtual basado en inteligencia artificial que ayude a los viajeros a planificar itinerarios de viaje sostenibles y respetuosos con el medio ambiente, recomendando actividades y alojamientos eco-friendly.

Plataforma de Edición de Videos Automatizada: Desarrolla una plataforma que utilice inteligencia artificial para editar videos de manera automatizada, ofreciendo funciones como recorte, corrección de color y añadido de efectos especiales sin la necesidad de conocimientos avanzados de edición.

Generador de Recetas Personalizadas para Dietas Especiales: Crea un servicio que utilice inteligencia artificial para generar recetas personalizadas según las necesidades dietéticas específicas de los usuarios, como dietas sin gluten, veganas o bajas en carbohidratos.

Plataforma de Traducción de Lenguaje de Señas: Desarrolla una plataforma que utilice inteligencia artificial para traducir automáticamente el lenguaje de señas a texto y viceversa en tiempo real, facilitando la comunicación entre personas sordas y oyentes.

Asistente de Análisis de Inversiones en Criptomonedas: Ofrece un servicio que utilice inteligencia artificial para analizar tendencias del mercado de criptomonedas y proporcionar recomendaciones de inversión personalizadas, ayudando a los usuarios a tomar decisiones informadas sobre sus inversiones.

Plataforma de Generación de Ideas Creativas para Marketing: Crea una plataforma en línea que utilice inteligencia artificial para generar ideas creativas y originales para campañas de marketing, slogans publicitarios y estrategias de branding.

Servicio de Diagnóstico de Problemas de Hardware Remoto: Desarrolla un servicio que utilice inteligencia artificial para diagnosticar problemas de hardware en dispositivos electrónicos de manera remota, ofreciendo soluciones y recomendaciones de reparación a los usuarios.

Asistente Virtual de Atención al Cliente Multilingüe: Ofrece un asistente virtual basado en inteligencia artificial que pueda atender las consultas y problemas de los clientes en varios idiomas, mejorando la experiencia del cliente y reduciendo los costos de atención al cliente.

Plataforma de Creación de Modelos 3D Personalizados: Crea una plataforma que utilice inteligencia artificial para generar modelos 3D personalizados a partir de fotografías o descripciones proporcionadas por los usuarios, facilitando la creación de productos personalizados y prototipos.

Servicio de Recomendación de Carreras Profesionales: Desarrolla un servicio que utilice inteligencia artificial para analizar las habilidades, intereses y personalidad de los usuarios, y proporcionar recomendaciones personalizadas de carreras profesionales y cursos de formación.

Asistente de Planificación de Bodas Personalizado: Ofrece un asistente virtual basado en inteligencia artificial que ayude a las parejas a planificar todos los aspectos de su boda, desde la selección del lugar hasta la elección del menú y la gestión de invitados, teniendo en cuenta sus preferencias y presupuesto.

Derechos de Autor

Don't miss out!

Visit the website below and you can sign up to receive emails whenever Robert S. McGraw publishes a new book. There's no charge and no obligation.

https://books2read.com/r/B-A-PXMU-SEWRD

BOOKS 2 READ

Connecting independent readers to independent writers.

Did you love *Deep GPT Prompts Engineering*? Then you should read *Gana dinero con Inteligencia Artificial*[1] by Wilmer Antonio Velásquez Peraza and Rondha Watson!

[2]

Querido/a aprendiz de la Inteligencia Artificial.

Al embarcarte en el fascinante viaje de aprender a utilizar la Inteligencia Artificial para generar ingresos en Internet, quiero expresarte mis más sinceros deseos de éxito. Este curso no solo representa una oportunidad de adquirir conocimientos valiosos, sino también la apertura de puertas a un mundo de posibilidades y crecimiento personal.

En la era digital en la que vivimos, la Inteligencia Artificial se ha convertido en un elemento clave en la transformación de la forma en que interactuamos con la tecnología y, por ende, en cómo generamos ingresos. Este curso no solo te proporcionará las habilidades necesarias para comprender los principios fundamentales de la IA, sino que también te

---

1. https://books2read.com/u/m06OQP

2. https://books2read.com/u/m06OQP

capacitará para aplicar estos conocimientos de manera práctica en el vasto y dinámico mundo de la economía digital.

Aprender a utilizar la Inteligencia Artificial para ganar dinero en Internet no solo es una inversión en conocimientos técnicos, sino también en tu propia capacidad para adaptarte y evolucionar en un entorno en constante cambio. Este viaje te desafiará, te inspirará y, sin duda, te llevará a explorar nuevas formas de abordar problemas y oportunidades que quizás nunca antes habías considerado.

La clave del éxito en este viaje reside en tu dedicación y disposición para sumergirte en el aprendizaje continuo. La Inteligencia Artificial es un campo vasto y emocionante, y cada nuevo concepto que absorbas te acercará un paso más hacia la maestría en esta disciplina. Aprovecha al máximo los recursos disponibles, desde cursos en línea hasta comunidades en las que puedas compartir experiencias y conocimientos con otros entusiastas.

Recuerda que el aprendizaje es un proceso gradual

Este viaje te desafiará, te inspirará y, sin duda, te llevará a explorar nuevas formas de abordar problemas y oportunidades que quizás nunca antes habías considerado.

La clave del éxito en este viaje reside en tu dedicación y disposición para sumergirte en el aprendizaje continuo. La Inteligencia Artificial es un campo vasto y emocionante, y cada nuevo concepto que absorbas te acercará un paso más hacia la maestría en esta disciplina. Aprovecha al máximo los recursos disponibles, desde cursos en línea hasta comunidades en las que puedas compartir experiencias y conocimientos con otros entusiastas.

Recuerda que el aprendizaje es un proceso gradual y metódico.

Also by Robert S. McGraw

Esperanzas
Oda al Mundo Nuevo

Postapocalípticos
Pluma de Ángel

THRILLER
La lluvia de sus ojos
Trece cuadras y un muerto
El lobo dorado y otros relatos
Antologia Tracce di sangue
Huellas de sangre
La Pioggia Dai Suoi Occhi

Tutoriales Cómo ganar dinero en Internet
Deep GPT Prompts Engineering

capacitará para aplicar estos conocimientos de manera práctica en el vasto y dinámico mundo de la economía digital.

Aprender a utilizar la Inteligencia Artificial para ganar dinero en Internet no solo es una inversión en conocimientos técnicos, sino también en tu propia capacidad para adaptarte y evolucionar en un entorno en constante cambio. Este viaje te desafiará, te inspirará y, sin duda, te llevará a explorar nuevas formas de abordar problemas y oportunidades que quizás nunca antes habías considerado.

La clave del éxito en este viaje reside en tu dedicación y disposición para sumergirte en el aprendizaje continuo. La Inteligencia Artificial es un campo vasto y emocionante, y cada nuevo concepto que absorbas te acercará un paso más hacia la maestría en esta disciplina. Aprovecha al máximo los recursos disponibles, desde cursos en línea hasta comunidades en las que puedas compartir experiencias y conocimientos con otros entusiastas.

Recuerda que el aprendizaje es un proceso gradual

Este viaje te desafiará, te inspirará y, sin duda, te llevará a explorar nuevas formas de abordar problemas y oportunidades que quizás nunca antes habías considerado.

La clave del éxito en este viaje reside en tu dedicación y disposición para sumergirte en el aprendizaje continuo. La Inteligencia Artificial es un campo vasto y emocionante, y cada nuevo concepto que absorbas te acercará un paso más hacia la maestría en esta disciplina. Aprovecha al máximo los recursos disponibles, desde cursos en línea hasta comunidades en las que puedas compartir experiencias y conocimientos con otros entusiastas.

Recuerda que el aprendizaje es un proceso gradual y metódico.

Also by Robert S. McGraw

Esperanzas
Oda al Mundo Nuevo

Postapocalípticos
Pluma de Ángel

THRILLER
La lluvia de sus ojos
Trece cuadras y un muerto
El lobo dorado y otros relatos
Antologia Tracce di sangue
Huellas de sangre
La Pioggia Dai Suoi Occhi

Tutoriales Cómo ganar dinero en Internet
Deep GPT Prompts Engineering

About the Author

Nació el tres de febrero de 1973. Fue el hijo menor de cinco hermanos.

Desde niño, tanto él como sus hermanos, sufrieron un constante abuso psicológico que, de no ser por la postura firme de la madre y el amor que les dio como contraparte al abuso, habría sido imposible superar.

Se interesó en la lectura y escribió algunos cuentos y poesías que nunca trascendieron. Al terminar estudios de bachiller entró al ejército por tres años, donde se desempeñó como francotirador.

Diferentes empleos hasta que fue a prisión por robar en una casa, luego de una larga relación con las drogas y malas compañías.

Allí retomó la lectura, leyendo más de 300 libros en cinco años y reencontrándose con su antigua pasión de escribir.

Al salir, deja todo atrás y trabajó en empleos mal remunerados debido a su historial delictivo, por lo que renunció a sus planes de escribir por no disponer de tiempo y por la falta de recursos.

Se casa en 2005 y ese mismo año nace su hija Laureen. En el 2012 su madre enferma y se encarga de su cuidado las 24 horas del día, allí escribe en su celular pequeñas historias de terror que luego se convertirían en su ***"Huellas de sangre"***.

Ayudado y alentado por su hermano y un amigo, comienza a tomarse en serio la literatura y escribe su primera novela "La lluvia de sus ojos", seguida de otras dos y varias antologías de relatos.

Su madre fallece en 2021 y a partir de ese instante se da a conocer en el mundo de las letras con sus trabajos, casi siempre impregnados de misterio y terror, su versatilidad le permite moverse entre casi cualquier género, desde la comedia hasta la ciencia ficción, pasando por la aventura épica y el policíaco.

La vida y los lugares en que estuvo, le ha llevado a tener una visión profunda y particular de la naturaleza humana, y su amplia cultura literaria nutrió su talento con los clásicos, lo cual se refleja en la calidad de su prosa.

Mantiene un perfil bajo, alejado lo más posible de los medios y redes sociales para concentrarse en su trabajo y entregar a su creciente público lo mejor de su talento.

Read more at https://kdpeditorialdesign.com/.

www.ingramcontent.com/pod-product-compliance
Lightning Source LLC
LaVergne TN
LVHW050636051026
849532LV00002B/405